알수록 쓸모 있는
요즘 과학 이야기

알수록 쓸모 있는

요즘 과학 이야기

이민환 지음
지식인 미나니

재미와 교양을 한 번에 채워줄

유쾌한 과학 수다

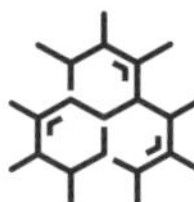
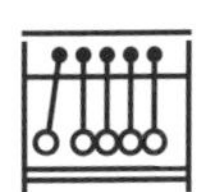

블랙피쉬

추천의 글

'왜 사람은 다리를 떨까?' 소소한 궁금증부터 '쓰레기를 우주로 보내면?'과 같은 크고 엉뚱한 상상까지, 다양한 주제를 흥미롭게 풀어가는 작가의 글을 읽다 보면 그 독특한 호기심에 덩달아 매료된다.

_ 과학 매체 <이웃집과학자>

어떻게 창의력을 기르느냐가 참 중요한 시기가 되었다. 미래의 인공지능 시대에도 창의력은 더욱 중요해질 것이다. 호기심은 바로 창의력을 기르는 첫 단계이자, 과학의 원천이다. 저자는 과학을 도구로 사용하며 자신의 호기심을 해결해나가는 과정을 잘 보여준다. 과학이 어렵다고 생각하는 이들에게 도움이 될 책이다.

_ 미시시피 주립대 항공우주공학 박사, 전 항공우주연구원 원장 채연석

세상에 호기심이 없다면 인생은 지루하기 짝이 없을 것이다. 이 책은 호기심 가득한 표정으로 독자들을 기다리고 있는 장난꾸러기 같다. 가끔은 엉뚱한 질문에도 과학적으로 대처하는 저자의 재치와 함께, 지루한 삶을 지적 유희로 가득 채워보자.

_ 과학 커뮤니케이터, 《궤도의 과학 허세》의 저자 궤도

'과학'이라는 단어를 들으면 전문가만이 할 수 있는 분야라는 생각이 든다. 그러나 이 책을 보며 생각이 달라졌다. 책에는 우리가 삶 속에서 쉽게 만날 수 있는 호기심이 가득 담겨 있다. 작가는 '우리는 왜 칠판 긁는 소리를 싫어할까?' 등의 엉뚱하면서도 공감되는 일상 속 궁금증과 그 이유를 남녀노소 누구나 이해하기 쉽게 설명한다. 과학이라는 단어를 들으면 재미보다는 어려움을 떠올렸던 사람들에게 이 책을 추천한다.

_ 크리에이터 루루체체, 송태민

시작하며

혹시 살면서 이런 궁금증 가져본 적 없으신가요? "왜 학교에만 가면 자꾸 잠이 올까?", "남자에게 젖꼭지는 왜 있는 걸까?" 같은, 사는 데 아무 쓸모도 없어 보이는 호기심이요. 저는 일상에서 떠오르는 이런 엉뚱한 질문에 최대한 과학적으로 답을 해보려 합니다. '그딴 게 무슨 과학이야?' 싶으신가요? 알고 보니 이것도 과학이더라고요.

저는 의외로 호기심이 많았습니다. 많은 사람이 어릴 때는 호기심이 왕성했다가도 초등학교를 지나 중학생이 되고 또 고등학생이 되면서 입시 공부에 찌들면 호기심 자체에 흥미를 잃습니다. 그런데 저는 이상하게도 성인이 되어 갈수록 신기한 것이 많아졌습니다. 나날이 남들이 안 하는 것을 하고 싶어 했습니다. 물론 불법인 것은 말고요. 그러다 보니 주변에서는 저를 4차원이라고 불렀습니다. 전 딱히 기분이 나쁘진 않았습니다. 남들과 다른 것이 오히려 특색이고 언젠가 경쟁력이 될 것이라 생각하기도 했죠.

그렇게 학창시절이 지나고 어느덧 대학생이 된 저는 이번에도 역시 조금 유별난 행동이 하고 싶어졌습니다. 이 의욕은 '대학에 갓 입학한 학생이 하지 않는 일에는 뭐가 있을까?'라는 생각으로 이어졌습니다.

입학 후 얼마간 대학 생활을 지켜보던 저는 신입생 중에는 랩(LAB: 연구실)에 들어가는 학생이 거의 없다는 사실을 알아챘습니다. 다른 대학교에 간 주변 친구들도 마찬가지였죠. 그래서 저는 담당 교수님을 찾아뵙고 '연구실에 들어가고 싶습니다!'라고 말했습니다. 교수님께서는 아직 어리니 한 번 더 생각해 보고 오라고 하셨지만 제 생각은 변함없었습니다. 이렇게 즐거운 연구실 생활이 시작되었습니다.

제가 들어간 곳은 발효공학 연구실이었습니다. 그곳엔 이미 학부생부터 대학원생까지 많은 선배들이 있었습니다. 학기 중엔 수업을 듣고 수업이 끝나면 연구실에서 공부하거나 맡은 실험을 진행했죠. 이렇게 연구실 생활을 하면서 저는 점점 과학적으로 생각하는 법을 터득하게 되었고, 매사에 실험 정신으로 무장할 수 있었습니다. 연구실 교수님은 저에게 항상 이렇게 말씀하셨습니다.

"모든 일에 항상 '왜?'라는 의문을 가져라!"

이런 교수님의 말씀을 명심하며 실험실 생활을 하다 보니 이제는 평소에 외출을 할 때도, 영화를 볼 때도, 게임을 할 때도 "저 사람은 왜 저런 행동을 할까?", "저 장면은 왜 만들었을까?", "이건 왜 이렇게 될까?" 하고 매일 생각하게 되었습니다. 또 단순히 생각에만 그치지 않고 집에 돌아와서는 그러한 현상이 발생한 이유를 찾아보게 되었습니다.

처음에는 네이버 지식인, 그다음엔 구글 검색을 통해 간단히 호기심을 해소했지만, 점차 학술지에서 관련 논문을 찾아 원리를 찾고 나름대로의 결론을 내는 데 이르게 되었습니다.

이런 것들을 하나씩 쌓아가던 어느 날, 유튜브에 영상을 만들어 올려보라는 친구의 말에 콘텐츠를 기획·제작하게 되었고, 어느덧 일상에서 과학을 찾는 유튜브 채널 〈지식인 미나니〉를 운영하게 되었습니다.

세상을 바꾸는 행동력의 힘

사소한 질문이어도 질문은 나의 일상을 바꾸기도 합니다. 만약 질문에서 멈추지 않고 실행에 옮긴다면 사회를 바꾸기도 하고 인류의 미래를 바꾸기도 합니다.

수많은 사람들이 하늘을 날고 싶어 했습니다. 모두가 생각만 할 때 라이트 형제는 프로펠러 동력을 이용해 하늘을 나는 비행기를 만들었고, 브라질 발명가 아우베르투가 비행선을 만들었습니다. 이어서 인류는 복엽기와 단엽기를 만들었고 제트기와 우주선을 만들어냈습니다.

수많은 사람들이 꺼지지 않는 촛불이 있으면 좋겠다고 했습니다. 모두가 생각만 할 때 햄프리 데비가 최초의 전구를 만들었고 에디슨이

대중화했습니다. 이어서 인류는 형광등, LED 등을 만들어냈습니다.

수많은 사람들이 인간의 힘이 아닌 기계의 힘으로 작업하면 좋겠다고 했습니다. 모두가 생각만 할 때 토머스 뉴커먼이 끓는 물의 수증기로 기계장치를 움직이는 증기기관을 만들었고, 제임스 와트가 이를 개량하여 상용화했습니다. 이어서 인류는 석탄, 석유의 화력을 이용하는 내연기관 엔진을 만들어냈습니다. 세상엔 이렇게 위인전에 오른 발명가만 있을까요? 아닙니다. 좀 더 일상으로 다가가 보겠습니다.

탄산음료가 막 개발되었던 시절, 탄산음료를 보관하는 것은 아주 위험한 일이었습니다. 완전히 밀폐하면 탄산의 압력에 유리병이 터져버렸고 느슨하게 입구를 막으면 탄산이 다 빠져나갔죠. 모두가 금방 나온 탄산음료를 마시거나 김빠진 탄산음료를 마실 때 윌리엄 페인터는 김빠짐이 없고 압력을 버티게 하는 톱니바퀴 모양의 병뚜껑을 만들었습니다. 톱니의 수는 21개! 톱니의 수가 19개 이하면 김이 빠져나가고 23개 이상이면 압력 때문에 병이 깨질 수 있었기 때문이죠. 이후 전 세계 탄산음료 제조사들은 21개의 톱니를 가진 병뚜껑만을 사용합니다.

통조림이나 음료수 캔이 막 만들어지기 시작한 시절에는 캔 자체에서 뚜껑을 열 방법이 없었습니다. 캔 따개를 따로 들고 다녀야 했죠. 수많은 사람들이 캔에 뚜껑 따개가 같이 있길 바랐습니다. 모두가 이렇게 생각만 할 때 애멀 프레이즈는 지렛대의 원리를 이용해 캔 뚜껑 일부를 뜯어내는 풀탭(pull-tap) 방식의 캔을 만들었습니다. 이어서 인류는 캔의 뚜껑이 음료 캔 안으로 말려 들어가는 지금의 팝탑(pop-top) 방식을 만들었죠.

소개해드린 발명가들의 공통점이 보이시나요? 거창해 보이지만 삶을 대하는 그들의 자세에서는 한 가지 공통점이 있습니다. 바로 일상에서의 불편함과 소망을 해결하기 위해 생각한 것을 행동으로 옮겼다는 사실입니다.

역사에서 일상까지 모든 것은 과학으로

저는 과학 유튜버로서 영상을 만들고 과학관에서 강연도 하면서 '세상 모든 것은 알게 모르게 과학과 연관되어 있다'는 사실을 깨닫게 되었습니다. 이과 계열과 정반대에 있는 문과 계열의 역사도 마찬가지입니다. 인류 전체의 역사를 서사적으로 다룬 책 《사피엔스》에서 저자 유발 하라리는 과학과 역사의 관계를 멋있게 서술합니다. 그 내용 일부를 함께 느껴보시죠.

> '약 135억 년 전 빅뱅이라는 사건이 일어나 물질과 에너지, 시간과 공간이 존재하게 되었다. 우주의 이런 근본적 특징을 다루는 이야기를 우리는 물리학이라고 부른다. 물질과 에너지는 등장한 지 30만 년 후에 원자라 불리는 복잡한 구조를 형성하기 시작했다. 원자는 모여서 분자가 되었다. 원자와 분자 및 그 상호작용에 관한 이야기를 우리는 화학이라고 부른다.

약 38억 년 전 지구라는 행성에 모종의 분자들이 결합해 특별히 크고 복잡한 구조를 만들었다. 생물이 탄생한 것이다. 생물에 대한 이야기는 생물학이라 부른다. 약 7만 년 전, 호모 사피엔스 종에 속하는 생명체가 좀 더 정교한 구조를 만들기 시작했다. 문화가 출현한 것이다. 그후 인류문화가 발전해온 과정을 우리는 역사라고 부른다.

역사의 진로를 형성한 것은 세 개의 혁명이었다. 약 7만 년 전 일어난 인지혁명은 역사의 시작을 알렸다. 약 12,000년 전 발생한 농업혁명은 역사의 진전 속도를 빠르게 했다. 과학혁명이 시작한 것은 불과 5백 년 전이다. 이 혁명은 역사의 종말을 불러올지도 모르고 뭔가 완전히 다른 것을 새로 시작하게 할지도 모른다. 이들 세 혁명은 인간과 그 이웃 생명체에게 어떤 영향을 끼쳤을까?'

- 《사피엔스》, 18~19쪽, '별로 중요치 않은 동물' 중에서

고고학자와 인류학자가 땅에서 발견된 화석과 도구를 분석할 때, 우선은 연도 확인을 위해 탄소 연대 측정을 해야 합니다. 또한 이 화석이 어떤 동물류인지 즉, 영장류인지, 현생인류인지, 아니면 아직 발견되지 않은 신종인류인지 알아보려면 DNA 분석도 해야 합니다. 문이과 융합의 결과죠.

또한 책 《사피엔스》에서는 우리 조상이었던 호모 사피엔스가 수렵생활을 하다가 갑자기 농업생활을 하고 종교를 만들어낸 것에 대해

'인지혁명'이 일어났다고 했습니다. 그리고 그 원인으로는 돌연변이 사피엔스가 나타났다는 추론을 하죠. 미래에는 고고학자들이 농경사회 이전 사피엔스와 이후 사피엔스 화석을 발견하거나 영구동토에서 아주 잘 보존된 호모 사피엔스를 발견할 수 있습니다. 그럼 이때 과학자들은 DNA 분석을 하면서 농경사회 이전 사피엔스와 이후 사피엔스의 차이가 무엇인지 알 수 있을 것이고, 인지혁명의 원인을 좀 더 깊이 알 수 있게 될 것입니다. 이렇듯 인류의 대역사부터 우리 일상에서 일어나는 일까지, 모든 것은 과학과 연관되어 있고 과학적으로 설명이 가능합니다.

저는 물리학, 화학, 생물학, 지리학의 깊은 과학적 내용보다 누구나 알고 싶어 했던 일상의 과학을 다루고 싶었습니다. 또 많은 사람이 과학을 가볍게 즐기게 할 수 없을까 늘 고민했습니다. 그러던 찰나에 출판사 블랙피쉬에서 영상 콘텐츠들의 내용을 좀 더 보충해서 책으로 만들어보지 않겠냐는 제안을 해주셨습니다. 때마침 저도 영상에서 다 말하지 못했던 내용들을 정리해서 책으로 내면 좋을 것 같다는 생각을 하던 중이었습니다. 아주 좋은 타이밍이었고, 그렇게 이 책을 쓰게 되었습니다.

연락 주신 블랙피쉬 강정민 에디터님께 감사드립니다. 그리고 제가 유튜브에만 머무르지 않고 오프라인에서 과학과 관련한 활동을 할 수 있도록 브랜드 이미지를 쌓는 데 결정적인 도움을 주신 크리에이터 송태민 형님께 감사의 말씀을 드립니다.

차례

1 PART

내 몸, 충분히 궁금할 수 있어

부끄러움은 그만! 몸에 던지는 발칙한 질문 WHY

2 PART

매일, 내 주변에는 궁금한 게 널려 있어

일상에 던지는 뜬금없지만 똑똑한 질문 WHY

3 PART

지구 너머 더 큰 세계가 궁금해

우주에 쏘아 올린 유쾌한 질문 WHY

내 몸, 충분히 궁금할 수 있어

부끄러움은 그만!
몸에 던지는 발칙한 질문

WHY

태어날 때 생겨났던 내 몸의 세포가 아직도 남아 있을까?

약 46억 년 전, 지구가 탄생했습니다. 그리고 약 38억 년 전, 단세포 생명체인 원핵세포(핵, 핵막, 세포소기관이 없는 세포)와 진핵세포(핵, 핵막, 세포소기관이 있는 세포)가 나타남으로써 최초의 생명이 시작되었습니다. 2019년 현재, 인간 역시 (물론 동물도 포함해서) 아주 작은 세포에서 시작되어 태아가 되고 신생아로 태어납니다.

자라나면서 우리 몸에는 200종 이상의, 약 40~70조 개의 세포들이 생성됩니다. 정자와 난자, 적혈구처럼 하나의 세포로서 기능하는 것도 있고, 신경조직이나 근육조직, 상피조직 등에 있는 세포들처럼 여러 개의 세포가 모여 정보교환 기능을 하기도 합니다. 또 더 많은 세포가 모여 심장, 폐, 소장, 대장 등 여러 장기 기관을 만들기도 합니다.

자, 여기서 갑자기 내 몸을 둘러싼 궁금증이 하나 생겼습니다. 위쪽의 머리카락과 뇌부터, 아래쪽의 발톱과 다리의 솜털까지, 이 모든 것은 우리가 태어날 때 만들어지는데요. 과연 신생아 때 만들어졌던 세포가 아직도 살아 있을까요? 수십조 개의 세포 중 단 하나라도 말입니다.

아직 한 번도 죽지 않은 내 몸의 세포

우리는 학교에서 또는 누군가로부터 이렇게 배웠을 것입니다. '세포는 일정 시간이 지나면 죽어 각질로 뜯겨 나가고 그 자리에 새로운 세포가 만들어져서 몸을 유지한다'고 말이죠. 우리 몸 전체 규모로 봤을 때 1초당 최대 약 300만 개의 세포가 죽습니다. 그리고 새로운 세포들로 복구되죠. 대략 1년에 한 번씩 우리 몸 대부분의 세포가 새것으로 바뀐다고 보시면 됩니다.

이때 새로운 세포가 빠르게 만들어지면 우리는 젊음을 유지할 수 있고, 죽는 세포의 수가 새로 만들어지는 세포의 수보다 많아지면 세포를 빠르게 만들지 못해서 우리는 늙습니다. 그런데, 아직까지 한 번도 죽지 않았던 세포가 있다면 믿으시겠습니까?

사실 우리 몸 곳곳에 있는 세포들에는 저마다의 수명이 있습니다. 일부 피부 세포들은 보통 14일 만에 새것으로 바뀝니다. 그러나 장의 점막 세포는 2시간에서 5일 만에 교체됩니다. 몸속 혈관을 따라 이동하면서 산소를 운반하는 적혈구는 약 120일(4개월)간 살아 있고, 세균이나 바이러스를 잡아 죽이는 면역세포인 백혈구는 7일 정도 살아 있습니다.

우리의 뼈를 이루고 있는 골세포는 10년 가까이 살아 있으며 뇌의 일부인 소뇌의 세포는 약 40년 내외로 살아 있습니다. 우리가 흔히 부르는 뇌세포는 신체 나이와 동일합니다. 다시 말해, 지금 여러분의 뇌세포 중 대부분은 여러분이 태어났을 때 가지고 있던 뇌세포와 같습니다. 함께 나이를 먹고 있는 것입니다. 물론 현재 우리 뇌 속의 모든 뇌세포가 어릴 때 만들어진 것만은 아닙니다. 뇌세포는 계속해서 새로 만들어지고 있거든요. 여기에는 대뇌피질(대뇌의 표면을 구성하는 회백

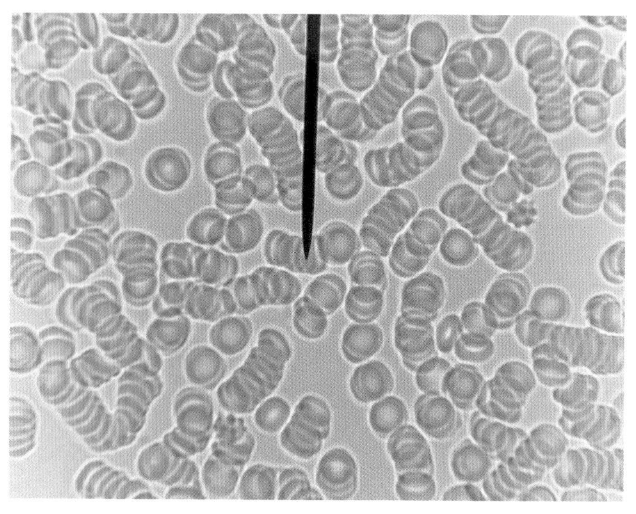

현미경으로 확대해 직접 촬영한 적혈구.
둥근 모양은 일반 적혈구이고 별사탕 모양은 부서진 적혈구이다.

질) 세포와 뇌 앞쪽에서 시각 정보를 처리하는 시각피질 세포가 포함됩니다. 이 뇌세포들은 오래 사는 대신에 외부의 충격이나 내부 사정으로 세포가 손상을 입더라도 거의 복구되지 않습니다. 그저 새로운 뇌세포가 생성될 뿐이죠.

또 간세포는 신기하게도 성장 기간에는 계속해서 분열하다가 성장이 멈추면 분열도 멈춥니다. 더 이상 만들어지지 않죠. 하지만 외부의 충격이나 내부의 사정으로 간에 손상이 생겼을 때는 다시 세포가 분열해서 손상된 곳을 복구합니다.

갈비뼈 사이사이에 있는 늑간 근육은 약 15년 정도 살아 있습니다. 갈비뼈 사이의 근육 외에 여러 근육의 세포들도 약 10~15년 정도 살아 있습니다.

세포 분열은 약 70번이면 끝난다?

세포의 죽음과 생성은 과학자들에겐 아주 흥미진진한 소재가 되었습니다. 1961년 해부학자 레너드 헤이플릭(Leonard Hayflick, 1928~)은 세포들이 죽고 분열하는 과정을 살펴보다가 한 가지 놀라운 사실을 발견하게 됩니다. 세포들이 수명이 다하고 다시 생성되는 과정을 70번 정도 거치자 더 이상 새로운 세포가 만들어지지 않은 것입니다. 이것을 본 헤이플릭은 70번의 세포 분열(생성)을 가리켜 '헤이플릭 한계'라고 지칭했습니다.

이후 1980년대에 분자생물학자 엘리자베스 블랙번(Elizabeth

Blackburn, 1948~)은 70번의 재생 끝에 새로운 생성을 하지 않는 원인으로 세포가 가진 DNA의 염색체 양쪽 끝에 존재하는 '텔로미어'라는 부분을 지목했습니다. 왜냐하면 세포가 분열하면서 새로 생겨날수록 텔로미어의 길이가 짧아졌고 세포 분열 70번째쯤 되던 때에 텔로미어가 다 사라졌기 때문입니다. 텔로미어가 모두 사라진 세포는 수명이 다한 것이고, 이것을 면역세포의 일종인 대식세포가 먹어서 없애버립니다. 여기서 누군가는 이런 질문을 할 수 있습니다.

"어? 그렇다면 텔로미어가 짧아지지 않고 계속 길이를 유지한다면 세포는 무한정 생성되겠네요? 그럼 우리는 늙지 않겠네요?"

네, 맞습니다. 실제로 서울대학교에서 예쁜꼬마선충이라는 실험용 생명체의 텔로미어를 유전자 조작으로 늘려 놓고 여러 세대를 거쳐 확인해본 결과, 이 생명체의 수명이 기존 20일에서 23.8일로 늘어났다고 하네요.

세포를 계속 만들어낼 수 있다면

세포 분열을 거치며 짧아지고, 이윽고 사라져버리는 텔로미어에는 텔로머레이즈라고 불리는 효소가 있는데, 이 효소는 텔로미어를 생성하는 데 도움을 줍니다. 만약 텔로머레이즈의 양이 많다면 세포 분열 때 텔로미어가 줄어들어도 그만큼 재생되겠죠? 그럼 어떻게 텔로머레이즈의 양을 늘릴 수 있을까요? 아쉽게도 아직까지는 인간에게 적용할 수 있는 약이나 기술이 나오지 않았습니다. 예쁜꼬마선충은 실험용으

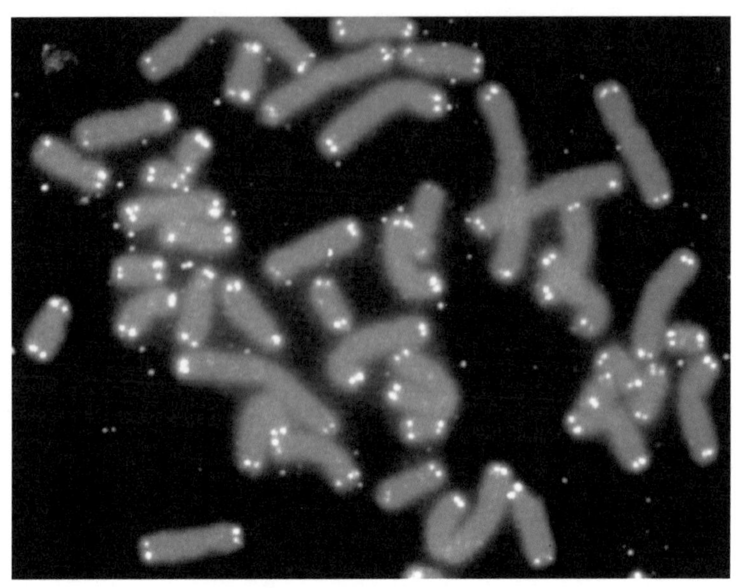

인간 염색체(회색)의 양쪽 끝에 텔로미어(흰색)가 존재한다.
© NASA / U.S. Department of Energy Human Genome Program

로 유전자 조작을 했기 때문에 가능한 것이죠.

그렇다고 좌절할 필요는 없습니다. 왜냐면 아주 조금이나마 텔로미어의 감소를 늦출 수 있는 방법을 찾았거든요! 바로 '명상'입니다. 명상을 지속적으로 하는 사람과 그냥 휴식을 취하는 사람들을 비교해 보았더니, 명상을 자주 하는 사람들의 말초 혈액 단핵세포에서 텔로머레이즈의 활성이 높아졌고 텔로미어가 상대적으로 더 길어진 것입니다.

하지만 많다고 다 좋은 것은 아닙니다. 너무 많은 텔로머레이즈는 오히려 위험합니다. 텔로머레이즈는 암세포가 죽지 않고 계속 증식할 수 있게 하는 효소이기도 하거든요. 대부분의 암세포의 경우, 텔로머레이즈가 활성화되어 있어 세포가 분열해도 텔로미어가 사라지지 않고 계속 유지됩니다. 그래서 암세포는 계속해서 증식할 수 있는 것이죠. 혹시 여기까지 읽으신 여러분들 중 누군가는 다음과 같은 생각을 하고 있을지도 모르겠군요.

'만약 텔로미어와 텔로머레이즈를 분리할 수 있다면 암세포를 없앨 수 있지 않을까?'

그렇습니다. 여러분들은 과학적 사고에 한 발짝 더 내딛게 되었습니다! 이렇게 텔로미어와 텔로머레이즈를 잘 사용하게 된다면 암도 치료할 수 있게 될 것이고 수명도 150살까지 늘릴 수 있습니다. 하지만 인간이 평균적으로 100세 이상을 살게 되었을 때 또 어떤 질병이 나타날지는 아무도 모르기 때문에 두려운 부분도 있습니다.

자, 우리 몸속에 아직 남아 있는 신생아 시절의 세포들을 위해서 명상을 해봅시다. 그 세포들을 죽을 때까지 살아 있게 해서 여러분의 처음과 끝을 함께 하실 수 있길 바랍니다.

번외 편

텔로미어와 텔로머레이즈

어려운 용어가 등장했군요. 텔로미어와 텔로머레이즈 말입니다. 여기서 이 두 단어를 설명해드리죠.

우선 텔로미어는 한 세포의 생명시계 역할을 하는 DNA조각입니다. 세포 스스로 복제하면서 성장하는 동안 그 세포의 DNA가 피해를 받지 않게 도와주는 역할을 하죠. 하지만 텔로미어는 소모품입니다. 세포를 복제하면 할수록 텔로미어를 사용하는 꼴이 되고, 결국 그 양 자체가 줄어들게 됩니다. 만약 텔로미어를 다 쓰게 되면 더 이상 그 세포는 자신을 복제하지 못하게 됩니다. 인간이 늙게 되는 것도 이 때문이죠. 그런데 놀랍게도 이 텔로미어를 어느 정도 복구하는 효소가 있습니다. 이름하여 '텔로머레이즈'. 문제는 텔로미어를 완전히 복구하지는 못한다는 것입니다. 하지만 텔로머레이즈를 활용해 세포를 다시 재생성하는 노화방지 연구가 한창 진행되고 있으니 일단은 기대해봅니다!

아기 때 기억을 잊어버리는 이유는 뭘까?

어릴 적 일들, 어디까지 생생하게 기억하시나요? 저는 유치원 마당에서 물놀이를 했던 기억과 초등학교 1학년 때 학교에 필통과 연필을 놔두고 집에 왔던 기억이 비교적 생생히 남아 있습니다. 좋은 것인지 나쁜 것인지는 모르겠지만 사람들은 어릴 적 일들을 대부분 기억하지 못합니다. 이런 현상을 '아동기 기억상실'이라고 부릅니다.

그렇다면 어린 시절의 기억은 언제부터 사라지는 것일까요? 수많은 사람들에게 어릴 적 기억이 남아 있는지 물어보면 1~3세 사이에 있었던 일은 대부분이 하나도 기억하지 못했고, 3~5세 이후의 일들은 어렴풋이 기억해냈습니다. 처음 옹알이를 했던 기억, 처음 몸을 뒤집었던 기억, 처음 일어섰던 기억 등은 없어졌지만, 유치원 시절 주요 사건들은 꽤 기억난다는 것이죠.

어릴 때 기억이 자꾸만 사라져간다

미국 에모리대학교 심리학과 파트리시아 바우어(Patricia J. Bauer) 교수가 어린이를 대상으로 한 연구가 하나 있습니다. 먼저 연구진은 3세 어린이들과 그 가족을 대상으로 여행이나 공부를 한 일 또는 사고와 같이 좋지 못한 경험 등 일상에서 겪은 일들을 녹음하도록 했습니다. 이후 6년 동안 어린이가 성장하면서 특정 내용을 얼마나 기억하는지를 매년 살펴봤습니다. 그 결과 7세까지는 3세 때 있었던 일의 60% 이상을 기억했지만, 8~9세가 된 어린이는 3세 때 있었던 일을 40%

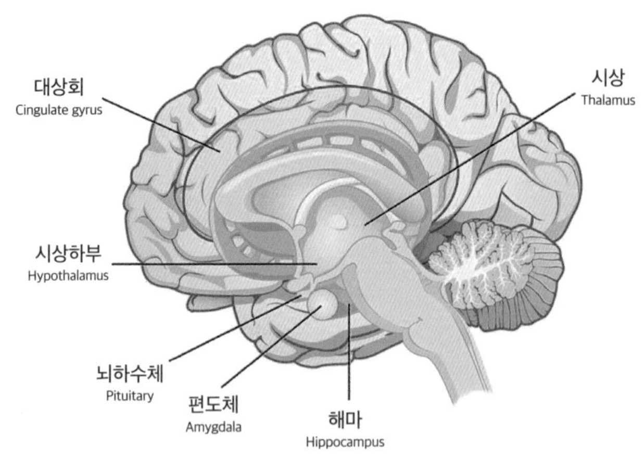

대뇌변연계(limbic system)의 구조
변연계란 인체의 기본적인 감정·욕구 등을 관장하는 신경계로,
여기에서 해마는 기억의 저장과 상기에 중요한 역할을 한다.

이하로 기억했습니다. 여기서 알 수 있는 점은 아동기 기억상실이라고 부르는 현상이 7~9세 사이에 급속하게 진행된다는 것입니다. 그렇다면 왜 아동기 때 이런 현상이 일어나는 걸까요?

아기가 태어난 뒤 2세 전까지는 뇌에서 기억을 담당하는 부위인 해마가 덜 발달해서 기억이 제대로 저장되지 않았을 것이라는 추측이 있습니다. 참고로 해마는 좌뇌와 우뇌에 있는 뇌 속 기관으로 우리의 기억을 저장하고 떠올리는 기관입니다. 하지만 기억 중에서도 장기기억 또는 맥락 의존적 기억에 관여하기 때문에 단기기억이나 감정과 관련된 기억은 저장하지 않습니다.

즉, 아동기에 어떤 사고를 겪고도 기억하지 못하는 것은 해마가 충분히 발달하지 못해서 그냥 기억이 저장되지 못한 것이라고 볼 수 있습니다.

여러분도 알다시피 인간의 뇌는 계속해서 성장합니다. 어른이 된 뒤에도 아주 조금씩 성장하죠. 특히 전기 신호를 주고받는 뉴런의 회로는 태아 때 많이 생성되어 있다가 10~12세가 되면 복잡·정교해집니다. 그러면서 뇌의 부피와 밀도가 증가하고 지능과 감정이 발달하죠. 이 시기에 뉴런과 뉴런 사이에 엄청난 수의 연결고리들이 만들어집니다. 그래서 그 나이대의 아이들 중에는 학습 속도가 엄청 빠르고 영재라고 불리는 아이들이 많았던 것입니다. 여러분들도 어릴 때는 영재였다는 소리 많이 듣지 않으셨나요? 하지만 청소년기가 되면서 뉴런과 뉴런 사이를 연결하던 수많은 연결고리들은 점점 사라집니다.

어릴 적 기억의 상대성?

앞선 연구를 진행한 에모리대학의 파트리시아 바우어 교수와 동료 연구원들은 또 한 가지 원인을 발견했습니다. 뇌세포가 폭풍 성장을 하는 동안 뇌의 기억을 담당하는 부분은 아직 성장이 덜 되었다는 것입니다. 즉, 어린 시절에는 어떤 일을 정리하고 저장하는 기능이 제대로 작동하지 않기 때문에 그때의 기억이 애초에 머릿속에 없고, 따라서 우리가 어른이 되어 어릴 적 있었던 일들이 거의 기억나지 않게 되었다는 것입니다. 우리는 쓸데없이 유년기 시절을 떠올리려고 노력했던 거죠.

그렇다면, 아직까지도 유치원 시절의 기억이 어렴풋이 남아 있는 이유는 무엇일까요? 미국 뉴파운드랜드대학교 심리학과 캐럴 피터슨(Carale Peterson) 교수는 이를 알아보기 위해 뼈가 부러지거나 깊게 베인 상처 등으로 응급실을 방문한 3~5세 어린이를 10년에 걸쳐 추적하면서 이들의 기억을 살펴봤습니다. 어린이는 수년이 지난 시점에도 자기가 언제 어디서 어떻게 다쳤는지를 70% 정도 기억했습니다. 그러나 그때 당시 자신이 어떤 병원에 갔었는지, 어떤 치료를 받았는지 등은 기억하지 못했습니다. 심하게 다쳐서 고통스러웠거나 충격적

요즘 과학, 더 생생히 즐기자!

왜 아기 때 기억을 잊어버릴까?

이었던 사건은 가족과 지인 사이에서 자주 언급되면서 기억의 강화로 이어졌지만, 병원에서 경험한 일은 상대적으로 간단하게 다뤄지면서 일반적인 기억들처럼 사라졌다고 생각합니다.

번외 편

내가 경험한 충격적인 사건은 왜 강한 기억으로 남을까?

분명 아주 오래전, 어릴 적에 경험한 일이라고 해도 위험한 일이나 나쁜 일, 충격적인 일은 잊지 않고 기억할 때가 많습니다. 왜 그럴까요? 대한 신경정신의학회의 이주현 정신건강의학과 전문의 의견에 따르면, 그러한 기억이 남아 있는 이유는 바로 우리의 '생존'과 관련되어 있기 때문이라고 하는데요. 전문용어로 말하자면 뇌가 작동하는 기본 원리 중 하나인 '생존 지향성(survival orientation)' 때문입니다.

뇌는 우리가 감정적으로 크게 느낀 사건을 생존에 위협을 주는 일이라고 판단하고, 그 기억을 공포를 느끼고 기억하는 뇌 기관인 편도체에 기록해둡니다. 만약 다음에도 이와 같은 사건이 일어나거나 일어날 것 같을 때 편도체에 저장된 기록을 가져와 피할 수 있게 하기 위해서죠.

한편 특정한 사건이 편도체에 아주 심각하게 기록이 되면 그 사건을 떠올리기만 해도 우리 몸은 격렬히 반응하게 되는데요. 이것을 트라우마라고 말합니다. 저는 태풍의 영향권에 있을 때 비행기를 탔던 공포의 경험이 트라우마로 남았는데요. 여러분은 어떤 트라우마를 가지고 계신가요?

남자에게 굳이 젖꼭지가 있는 이유는 뭘까?

나른한 주말 늦은 아침에 잠에서 깼습니다. 오후에 미팅이 있어서 씻으려고 화장실로 갔습니다. 옷을 벗고 샤워기에서 따뜻한 물이 나오기를 기다리며 거울을 보았습니다. 그때 문득 이런 생각이 떠올랐습니다. 남자는 왜 젖꼭지가 있을까?

남성 여러분들 젖꼭지는 안녕하십니까? 여러분들이 매일 샤워하면서 보는 젖꼭지. 여성이야 아기에게 모유를 주기 위함이라지만 남자에게는 도대체 왜 젖꼭지가 남아 있는 것일까요?

젖꼭지를 만지면 쾌감이 느껴지거나, 우울하거나

'젖꼭지' 하면 가장 먼저 떠올리는 단어는 이것일 겁니다. '쾌감'! 남성이든 여성이든, 내가 아닌 타인이 내 젖꼭지를 터치했을 때 여러분은 어떤 느낌이 들던가요? 약간의 쾌감이 느껴지지 않나요? 일부 연구자들도 쾌감을 느끼기 위해 젖꼭지가 퇴화되어 없어지지 않았다고 주장합니다. 하지만 모든 사람들에게 해당하는 것 같진 않습니다. 왜냐하면 자기 젖꼭지를 자신이나 남이 만지면 우울함을 느끼는 사람들이 있기 때문입니다. 이런 현상은 우리나라뿐만 아니라 전 세계적으로 발견되는 현상인데, 슬픈 젖꼭지 증후군(sad nipple syndrome)이라고 부릅니다. 이름도 참 슬프네요. 정식 명칭은 dysphoric milk ejection reflex(d-mer), 우리말로 '수유 반사 우울증'이라고 직역할 수 있습니다. 여성이 출산 후 아기에게 젖을 줄 때나 주고 난 이후 우울감을 느끼기도 하는데 바로 여기서 유래된 말입니다.

젖꼭지를 만지면 우울해져요

> "말 그대로 어릴 때부터 젖꼭지만 만지면 우울함, 무기력증, 자살충동 비슷한 게 느껴집니다. 이게 오르가슴이 저한테 다른 형태로 오는 건가요? 전 남자라 자극받을 일도 별로 없었고 앞으로도 없겠지만 궁금해서 여쭤봅니다."

이 증후군을 목격한 여러 과학자들은 "과학적 근거는 없지만 인간의 뇌 중에서 정서를 담당하는 대뇌의 구조가 정상적으로 작동하지 않았을 때 일어나는 현상"으로 추측합니다. 그럼 인간의 뇌 중에서 정서를 담당하는 부분은 어디일까요?

인간의 뇌는 '한' 부분이 특정한 행동을 담당하지는 않습니다. 뇌 속 여러 부분이 신경망으로 연결되어서 서로 협력해 작동합니다. 정서를 담당하는 것은 편도체와 해마, 변연계와 전전두엽이 신경망으로 연결된 부분입니다.

편도체는 사건이나 자기의 삶과 관련된 기억을 저장하고 회상하면서 공포와 관련한 감정을 인지합니다. 해마는 공간을 인지하고 기억하며 학습에 관여합니다. 그리고 전전두엽은 공감과 판단을 하는 데 관여하죠. '슬픈 젖꼭지 증후군'을 가진 사람들은 어릴 적에 젖꼭지와 관련해 안 좋은 경험이 있었거나, 자라면서 정서를 담당하는 부분의 신경망이 제대로 성장하지 않았을 수 있습니다.

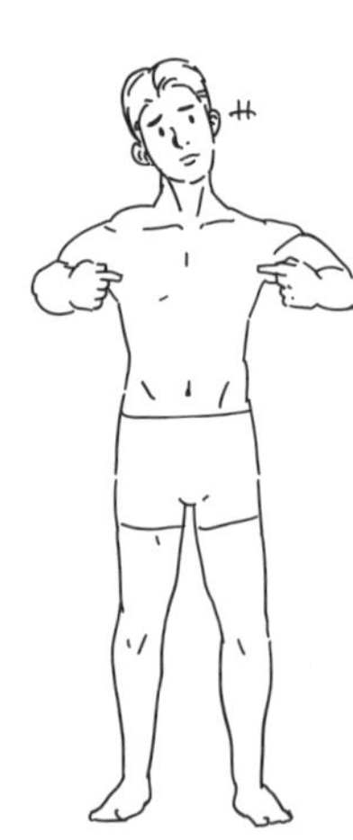

다시 젖꼭지로 돌아와서, 만약 젖꼭지가 쾌감을 위해서 존재하는 것이 아니라면 인체의 아름다움을 위해서 존재하는 것일까요?

우선 남자의 젖꼭지를 없애보았습니다. 뭔가 밋밋한 것 같지 않나요? 어쩌면 젖꼭지가 가슴의 포인트 역할을 하는 것 같군요.

그럼 의학적으로 다가가볼까요? 태아는 엄마의 배 속에서 생성된 이후 6주가 지나기 전까지 눈, 코, 입, 귀 그리고 팔, 다리의 윤곽이 형성됩니다. 또 이 기간 동안 젖꼭지도 같이 만들어집니다.

그런데 놀랍게도, 성기 부분에는 남성과 여성의 성기가 모두 생성됩니다. 다시 말해 여성과 남성의 특징을 모두 가진 채 태아가 자라기 시작한다는 것이죠. 태아가 XY 염색체를 가졌다면, 6주차 이후 점차 남성호르몬인 테스토스테론이 분비돼 젖꼭지는 형태만 유지하고, 여성의 성기는 저절로 사라지면서 남자아이로 태어납니다. 만약에 XX 염색체를 가졌다면 젖꼭지에서 유방이 될 준비를 마치고 이어서 남성의 성기는 몸 안쪽으로 들어가 자궁과 난소가 되면서 여자아이로 태어납니다.

인류학자이자 과학자인 스티브 주안 교수는 이러한 현상이 염색체의 결함일 수 있다고 주장합니다. 처음엔 여성과 남성의 특징을 모두 보이면서 임신이 되었다가 남성호르몬이 더 많이 분비되어 남자가 되었지만, 이미 만들어진 젖꼭지를 지우진 못했다는 것입니다.

인간의 관점에서 바라본다면 결함이라고 생각할 수 있겠죠. 반면 이러한 현상을 자연의 관점에서 바라보는 진화 생물학자들은 인간이 진화하면서 그냥 놔둬도 딱히 문제 되지 않아서 남자의 젖꼭지가 남게 된 것이라고 합니다. 남자의 젖꼭지가 필요 없다면 없어지는 것이 맞지만 없애지 않고 그냥 두는 편이 태아의 에너지 소모도 적기 때문이라는 의견입니다.

그런데 저는 태아의 에너지 소모 때문이 아니라 쾌락 때문에 남성에게 젖꼭지가 남아 있는 것은 아닌가 하는 생각이 듭니다(아마 다른 남성분들의 생각도 같지 않을까요?). 왜냐하면 성과 관련된 학술지에서 발간한 자료에 나온 결과 때문입니다. '인간의 성감대 지형도'(Topography of Human Erogenous Zones)라는 논문에 따르면 남성의 가슴, 특히 젖꼭지 부분이 상당히 민감하고 예민한 부분이라고 하거든요. 그렇다면 여기서 또 한 가지 의문점이 생깁니다.

남자도 젖이 나올까요?

신기하게도 이론상 남성에게도 젖은 나옵니다. 물론 호르몬의 변화만 있다면 말이죠! 포유류와 영장류는 수컷과 암컷 모두에게 젖을 분비하는 유선이 있습니다. 특히 영장류는 사춘기 전까지는 암컷과 수컷의 유선이 비슷합니다. 사춘기를 지나며 흔히 말하는 남성호르몬과 여성호르몬의 차이로 유선에 큰 차이가 생기죠. 암컷은 여성호르몬으로 불리는 에스트로겐과 프로게스테론, 프로락틴이 남성호르몬보다 많이 분비되면서 유방이 커지고 젖을 생산합니다. 반대로 수컷은 남성호르몬이 많이 분비되고 여성호르몬이 적게 분비되어서 유방이 발달하지 않습니다. 그럼 수컷에게 여성호르몬을 주입하면 젖이 나오지 않을까요? 네, 맞습니다.

수소나 수컷 염소에게 여성호르몬인 에스트로겐과 프로게스테론 그리고 프로락틴을 주입했더니 젖이 나왔다고 합니다. 이 호르몬들이 젖을 만들고 젖샘을 자극해 젖이 분비되도록 만든 것이죠. 그런데 인공적으로 호르몬을 주입하지 않았음에도 여러 가지 건강상의 이유로 남성의 유방이 커지고 심지어는 젖이 흘러나온 실제 사례도 있었습니다. 제2차 세계대전이 끝나고 풀려난 전쟁 포로 중에서 수천 명이 유방이 커지고 젖이 흘러나온 현상을 보인 것입니다. 특히 일본군 포로 수용소 생존자 500명이 젖을 조금씩 흘렸습니다. 의학자들은 굶주림으로 내분비 계통, 호르몬 분비에 이상이 발생했기 때문이라는 분석을 내놓았습니다. 한편 현대에는 환경오염이나 패스트푸드 때문에 남성들 중 호르몬 불균형이 발생하고 유방이 커지는 여유증도 증가하고 있습니다.

이런 이야기들을 들어보면 남자들도 얼마든지 젖을 분비할 수 있어 보입니다. 그러나 지금까지의 인류 진화의 과정에서 남성은 주로 외부로 나가 사냥을 하는 존재였습니다. 즉, 인류의 종족 번식에 있어 남성에게는 아이를 직접 낳고 양육하는 행위가 여성보다 덜 중요하게 여겨졌죠. 이 때문에 남성에게서 젖을 분비하는 기능은 작동하지 않게 된 것 같습니다.

요즘 과학, 더 생생히 즐기자!

남자에게 젖꼭지가 있는 이유?

왜 인간은 유독 머리에 털이 많은 걸까?

갓 태어난 아기를 보신 적 있나요? 온몸에 털이라곤 아주 얇디얇은 머리카락 일부를 제외하고는 하나도 없습니다. 인간은 태어난 직후에는 털이 많지 않고 자라면서 점차 머리와 다리, 겨드랑이 등에 털이 많이 나기 시작하죠. 팔이나 가슴에도 털이 많은 사람이 있긴 합니다만 다른 동물들과 비교해보면 거의 없는 것이나 다름없습니다. 반면에 포유류나 영장류 동물 중에서는 갓 태어난 새끼인데도 털이 복슬복슬한 경우가 많습니다. 무슨 차이가 있는 것일까요? 또 인간은 몸의 다른 부위보다 왜 유독 머리에만 털이 몰려 있는 것일까요?

사실 인간의 몸은 털이 없어 몇 가지 조건에서 생존에 불리합니다. 우선 털이 없는 피부는 햇볕으로부터 인간을 보호하기 힘들죠. 동물

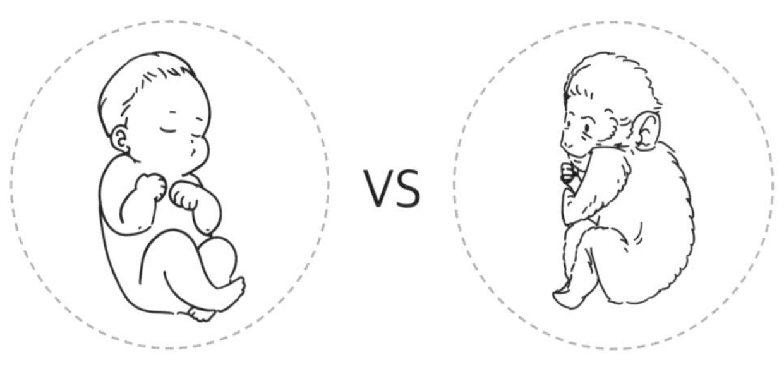

머리에만 털이 많은 인간의 아기 　　 갓 태어났는데도 온몸에 털이 많은 영장류의 새끼

의 털은 한여름에 엄청 더워 보이지만 사실 열을 차단해 피부가 받는 열을 줄여주는 역할을 합니다. 열이 피부에 채 닿기도 전에 털이 열을 흡수했다가 방출하기 때문에 동물들은 더위를 덜 느낍니다. 동물 입장에서는 온몸의 털이 냉매 역할을 하는 것입니다. 또 몸에 털이 별로 없는 인간은 나무나 가시 등에 찔렸을 때 털이 많은 침팬지나 원숭이 등 영장류 동물들보다 상처를 입기가 쉽습니다.

"그럼 안 좋은 점만 있는 것 아닌가요?"

아닙니다. 인간은 털이 많이 없기 때문에 다른 영장류보다 오래 움직이거나 일하고, 또 달릴 수 있습니다. 인간이 지닌 지구력과 근력은 털이 없기 때문에 가능한 것입니다. 인간의 피부에는 털 대신 수백만 개의 미세한 땀구멍이 있는데, 인간이 활동을 하면 땀구멍은 수분을 내보내 열을 내립니다. 그래서 인간이 오래 움직일 수 있죠. 만약 털이 많았다면 뜨거워진 체온의 열기가 털에 갇혔을 테고 또 땀이 많이 나면 털이 젖어서 근육을 냉각시키는 데 도움이 되지 못했을 겁니다.

다르게 말하면 털이 없어지면서 쿨링이 원활해졌기 때문에 인류가 계속해서 움직일 수 있었고, 이 움직임이 노동으로 이어진 것이죠.

그러다 보니 지구상의 모든 동물 가운데, 장거리 달리기 부문에서 인간이 가장 뛰어납니다. 우리는 약 40km를 쉬지 않고 달리는 마라톤 경기를 하고, 전반과 후반을 합쳐 90분이나 되는 시간 동안 축구를 합니다. 멕시코의 타라우마라족이 최장 700km를 달렸다는 놀라운 기록도 있습니다. 경주마도, 개도, 인간보다 빨리 달릴 수는 있지만 오래 달리지는 못합니다. 오래 활동할 수 있는 특징 덕분에, 인간은 문명을 발달시킬 수 있었습니다.

자, 왜 인류는 털이 별로 없는지는 이제 알겠습니다. 그렇다면 머리 부분에만 털이 수북하게 자라는 이유는 뭘까요?

유독 머리에 털이 수북한 이유

우선 머리카락은 케라틴이라는 단백질로 이루어져 있습니다. 케라틴은 인간뿐만 아니라 포유류와 조류 등 동물의 피부를 감싸고 있는 물질입니다. 따라서 케라틴으로 이루어진 머리털은 외피입니다. 외피의 기능은 몸속의 나쁜 물질을 인체 밖으로 내보내는 것인데요. 즉, 외피인 머리카락은 몸속의 나쁜 물질을 배출하기 위해 있는 것입니다. 그럼 어떤 나쁜 물질을 배출하는 것일까요?

육식을 시작하면서부터 인류는 유황이 함유된 단백질을 섭취해왔습니다. 유황이 섞인 단백질은 우리 몸을 구성하는 주요 성분으로 머리카락을 만드는 데 필요한 성분이긴 합니다. 그러나 필요 이상을 먹으면 배출해야 합니다. 이때 우리 몸은 유황단백질이 머리카락을 통해서 빠져나갈 수 있도록 진화했습니다. 즉 유황단백질은 머리카락을 만들 때 쓰였다가, 필요량 이상이 되면 머리카락을 통해 빠져나가는 것입니다. 그래서 우리 머리카락은 쉴 새 없이 빠집니다. 머리카락이 생성되고 다시 빠지며 그만큼 몸속의 유황을 줄일 수 있기 때문이죠.

인간이 다른 부위에는 털을 최소화하면서 머리에만 집중적으로 털이 자라도록 진화한 데는 다른 이유도 있습니다. 바로 쿨링 효과를 위한 것입니다. 직립보행을 하게 되면서 우리 몸의 다른 부위는 햇빛을 비교적 덜 받게 되었지만 머리만큼은 직사광을 받게 되었습니다. 우리 피부는 직사광을 받으면 타고, 또 신체 기관 중 아주 중요한 뇌는 40℃만 되어도 변성이 일어납니다. 변성된다는 건 영구적으로 기능을 할 수 없게 된다는 뜻입니다. 심각해지는 것이죠. 독감이나 다른 질병으로 머리에 열이 나서 39℃에 근접하거나 넘으면 빨리 응급실로 가야 하는 것도 같은 이유입니다. 그래서 인간의 머리에는 머리카락이 수북하게 자라서 두피 대신 머리카락이 햇빛의 열을 흡수하고, 다시 열을 배출하는 것이죠. 여기까지 읽으신 분들에게 이번에는 이런 질문도 떠오를 겁니다.

"눈썹이나 수염, 겨드랑이 털 등은 왜 있는 것일까?"

털의 쓸모에 대한 여러 가설들

이마의 눈썹은 머리에서 흘러내리는 땀이 눈으로 바로 들어가지 않게 막아주는 역할을 합니다. 놀랍게도 눈과 눈썹 사이인 윗 눈꺼풀에는 땀샘이 없죠. 또 다른 이유로 눈썹은 햇빛을 차단하기 위해 존재합니다. 우리는 빛이 아주 밝은 곳에 가거나 햇빛이 쨍쨍할 때 인상을 찡그립니다. 이때 이마 쪽의 눈썹이 앞으로 돌출되면서 아래로 내려와 그늘막 역할을 합니다. 여러분도 눈썹에 손을 대고 잠깐 찡그려보세요. 맞죠?

최근에 속속 발표되고 있는 연구 자료를 살펴보면 눈썹은 "수년간 두툼한 뼈(광대뼈와 눈 바로 위에 있는 뼈)가 튀어나온 얼굴(눈 부분)과 이마 사이의 넓은 공간을 채우기 위해 존재했다"라는 가설도 있고, "인류가 진화하면서 얼굴이 점점 작아졌는데 이때 눈썹이 도드라지면서 얼굴로 감정을 세밀하게 표현할 수 있게 되었고 그 결과 의사소통을 더 풍부하게 할 수 있게 되었다"라는 가설도 있긴 합니다.

마지막으로 음모나 겨드랑이 털은 우리가 움직일 때 피부의 마찰과 충격을 최소화하기 위해 존재한다는 것이 현재 정설인데요. 반론도 많이 제기되고 있습니다. 털을 다 밀어도 생활하는 데 아무런 불편

요즘 과학, 더 생생히 즐기자!

왜 머리털이 유독 길고 많을까?

함이 없기 때문이죠.

그래서인지 몇몇 고고인류학자는 우리 몸에 남아 있는 털이 피부 보호용이라는 고정관념에서 벗어나려고 합니다. 그들은 어쩌면 겨드랑이 털이나 음모 등이 남아 있는 이유가 "인간의 성적인 매력을 위해서"라고 주장합니다. 겨드랑이의 털은 땀을 머금어 그 냄새로 상대를 유혹하기 위해서, 남성의 음모는 성기를 도드라져 보이게 하기 위해 만들어졌다고 말이죠. 어쩌면 지금까지의 인류학에 반기를 들어보는 것도 인류의 과거를 연구하는 데 도움이 될 것 같기도 합니다.

번외 편

머리카락도 잘리는 것을 느낄까?

세계의 신기한 질문들과 그 질문에 대한 과학적인 답들이 올라오는 곳인 'Naked Scientist' 사이트에 이런 질문이 올라와 있습니다.

"우리가 머리카락을 자르면 머리카락도 자기가 잘린다는 것을 느낄까요?"

"머리카락이나 털(다리털, 턱수염 등)은 스스로 언제 자라야 하는지, 언제 자라지 않아야 하는지 아는 것인가요?"

어릴 적 미용실에서 머리를 자를 때면 '머리카락도 스스로 아픔을 느끼지 않을까?'라는 생각을 자주 하곤 했었는데 진짜로 이 질문에 답을 하는 과학자가 있다는 것이 놀랍습니다. Naked Scientist에서는 첫 번째 질문에 이렇게 답변을 달았습니다.

"결론부터 말하자면 머리카락은 잘리는 것을 인지하지 못한다." 머리카락은 자아가 없기 때문에 스스로가 잘리는지 모릅니다. 그리고 신경계도 없기 때문에 가위나 칼로 잘라도 아픔을 느끼지 않습니다.

두 번째 질문에는 이렇게 답합니다. "스스로 인지해서 털이 자라고 멈추는 것이 아니다."

머리카락이나 털은 3가지 단계로 나뉘어 자랍니다. 성장기(anagen), 퇴행기(catagen), 휴지기(telogen). 성장기는 말 그대로 털이 자라는 시기이고, 퇴행기는 모발이 생성되고 성장하는 장소인 '모구'라고 불리는 부분이 작아지는 시기입니다. 휴지기는 털이 자라는 것을 멈추는 시기입니다. 그런데 머리카락과 다리털, 수염은 각각 성장기, 퇴행기, 휴지기의 기간이 다릅니다. 머리카락의 성장기는 5년, 퇴행기는 2~3주, 휴지기는 3~4달입니다. 수염이나 다리털은 성장기가 몇 주에서 몇 달이며 퇴행기와 휴지기는 더 짧습니다. 즉, 머리카락은 5년 동안 자라기 때문에 계속해서 길어진다고 느끼는 것이고 수염이나 다리털은 어느 정도 자라다가 2~3주 뒤에 빠지기 때문에 일정한 길이만큼만 자란다고 느끼는 것입니다.

왜 학교나 회사에만 가면 잠이 쏟아질까?

아마 많은 학생들이 학교에 가면 졸리고, 졸음을 참지 못해서 자는 경우도 많을 겁니다. 물론 전날 공부를 많이 했거나 밤을 새거나 했으면 졸린 게 당연하죠. 그런데 분명 충분한 수면을 취했는데도 학교에만 가면 졸음이 쏟아지는 학생들이 많습니다. (직장인도 예외는 아니죠!)

도대체 왜 그럴까요? 조사해보니 졸릴 수밖에 없었습니다. 바로 사람들이 내뿜는 이산화탄소 때문입니다.

어느 한 고등학교에 이산화탄소 측정기를 가져가서 측정을 해보니 1교시에 이미 2,000ppm*이 나왔고, 한 시간이 지날 때마다 2,000ppm

* 백만분율. 여기에서는 신선한 공기의 양에 대한 이산화탄소의 비율을 나타낸다.

씩 오르더니 점심시간에는 무려 8,000ppm이 되었다고 합니다. 수치가 너무 빠르게 올라서 놀란 마음에 급히 창문을 열었다고 하네요. 이산화탄소 농도가 8,000ppm이 되면 두통과 피로, 집중력 감소가 나타나며 심지어는 구토 증세를 보이는 경우도 있습니다.

혹시 이 고등학교 교실만 이런 걸까요? 아닙니다. 카이스트에서도 학생들이 강의실에서 이산화탄소 농도를 측정해봤습니다. 측정 결과, 대형 강의실은 550ppm으로 비교적 쾌적했지만 소형 강의실과 중형 강의실은 2,000ppm을 넘겼으며 학생이 많아질수록 빠른 속도로 이산화탄소 농도가 높아졌습니다. 이뿐 아니라 국립환경과학원에서 실시한 조사에서도 수많은 학교의 교실 속 이산화탄소 농도가 기준치보다 상당히 높게 나왔습니다.

교육부에서 발표한 학교보건법에 따르면 모든 교실의 이산화탄소 농도는 1,000ppm 이하로 유지되어야 하며 그 이상일 경우 환기시설의 설치를 의무화하고 있습니다. 하지만 이 학교보건법이 제대로 지켜지지는 않는 것 같습니다.

충분히 잤는데도 졸린 건
이산화탄소 때문일 수 있다.

만약 온종일 환기하기 않는다면

교실 내 이산화탄소와 관련한 흥미로운 연구 자료를 더 발견했는데 내용은 이렇습니다. 온종일 환기를 하지 않고 수업을 했더니 오전 10시에는 교실 내 이산화탄소 농도가 3,500ppm까지 치솟았고, 점심쯤인 12시가 되니 4,500ppm이 훌쩍 넘었습니다. 그리고 학생들이 식당으로 가는 12시부터 1시까지는 교실의 이산화탄소 농도가 줄어들다가 점심시간 이후 3시쯤부터 다시 이산화탄소 농도가 급상승했습니다. 반면에 같은 학교의 다른 교실에서는 계속 환기를 해줬더니 이산화탄소 농도가 1,000ppm을 넘지 않았습니다.

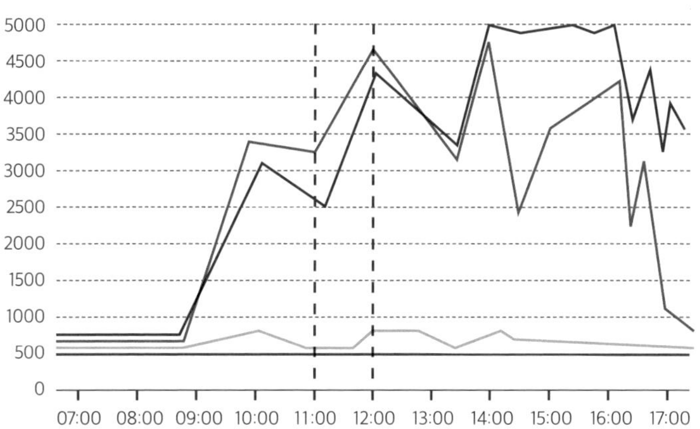

교실 내 이산화탄소의 농도를 수치로 나타낸 그래프

점심시간 직전 이산화탄소 농도가 가장 높은 이유는 환기를 하지 않고 있는 상황에서 오전부터 학생들과 선생님이 내뿜는 이산화탄소가 쌓였기 때문입니다. 특히 최근에는 미세먼지를 막기 위해서 창문은 모두 닫고 공기청정기만을 가동하는 경우가 많기 때문에 더욱 환기가 되지 않고 있습니다. 교실에는 따로 이산화탄소 농도를 측정하는 장치가 있지 않아 그 누구도 교실의 공기 상태를 잘 인지하지 못하고 있고 (물론 생명에 위협적인 가스나 미세먼지 농도를 체크하는 센서는 있습니다) 또 이산화탄소 등 좋지 못한 공기가 많아졌을 때의 대처법을 체계적으로 준비하고 있지 않죠. 아직까진 선생님이 수업 중에 학생들과 창문을 열고 환기시키는 것 외엔 딱히 답이 없어 보입니다.

이산화탄소 농도가 높아지면 실제로 무슨 일이 벌어질까요?

이산화탄소 농도가 절정에 달했을 때 연구진은 학생들과 몇 가지 인지기능 테스트를 해보았습니다. 그 결과, 실내 이산화탄소 농도가 높아질수록 학생들의 수학적 능력이 떨어진다는 것을 확인했는데 그중에서도 특히 문제 해결 속도가 느려진다는 것을 알 수 있었습니다. 또한 집중력이 떨어지면서 문제를 틀리는 수도 많아졌습니다.

상황은 미국도 마찬가지인 것 같습니다. 미국 워싱턴주립대에서도 비슷한 연구를 실시했는데요. 미국의 자유분방한 분위기 때문인지는 모르겠지만 놀랍게도 교실의 이산화탄소 농도가 높아질수록 학생들은 그냥 학교에 나가지 않았다고 합니다.

미국 환경청은 교실의 공기 질이 학생들이 학습하는 데 지대한 영향을 미친다고 판단하고, 이에 따라 교실의 공기를 깨끗하게 만드는 데 필요한 정보와 도구가 들어 있는 키트를 배포하고 있습니다(IAQ Tools for School Kit).

학생 여러분들, 논문에 나온 그래프를 보면 점심시간 직전과 2시부터 4시까지는 이산화탄소 농도가 특히 높아진다고 하니 꼭 쉬는 시간마다 교실의 창문을 열고 환기를 했으면 합니다. 날씨가 춥더라도 수업 시작 전 환기를 하고 시작해보세요. 학습의 질이 달라질 것입니다.

요즘 과학, 더 생생히 즐기자!

왜 학교에만 가면 잠이 올까?

번외 편

왜 갑자기 일어나면 어지러울까?

잠에서 깨 눈을 비비며 일어났을 때나 오래 앉아 있다가 일어섰을 때 앞이 깜깜해지며 어질어질했던 적이 있지 않나요? 이런 걸 기립성 저혈압이라 부르죠. 그럼 이 기립성 저혈압은 왜 나타나는 것일까요? 우선 심장과 관련이 있습니다(무조건 심장에 문제가 있다는 뜻은 아닙니다). 여러분도 알다시피 심장은 폐에서 얻은 산소와 영양소가 포함된 피를 온몸으로 보내고, 노폐물과 이산화탄소가 있는 피를 다시 받습니다. 이 과정에서 심장이 펌프질을 하기 때문에 혈관에는 압력이 발생하는데, 이를 혈압이라 부릅니다.

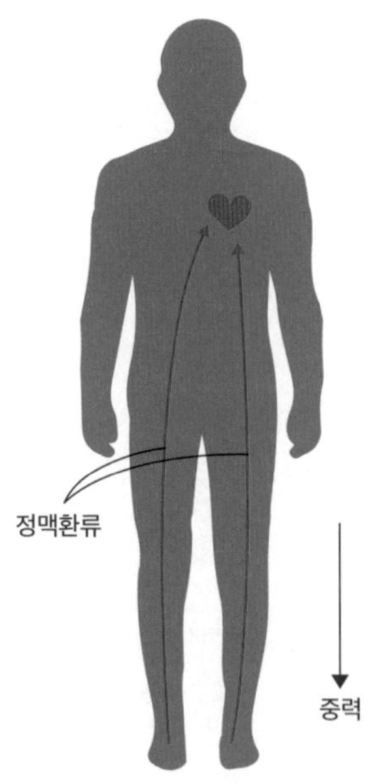

우리 몸은 이 혈압을 일정하게 유지하기 위해 신경 신호를 보내고, 이에 따라 심장이 얼마나 많은 혈액을 내보내는지, 혈관은 얼마나 넓어졌는지를 확인하고 조절합니다. 이때 혈압이 낮으면 교감신경이 심장박동을 빠르게 하여 혈압을 높이고, 혈압이 높으면 부교감신경이 심장박동을 느리게 합니다.

산소와 영양소를 온몸으로 뿌려주는 심장에서 혈액이 뿜어져 나가려면 그만큼의 혈액이 들어와야 합니다. 우리가 일반적으로 서 있을 때, 피가 심장으로 가기 위해서는 중력을 거슬러야 합니다. 그래서 심장은 강하게 펌프질을 하죠. 이때 심장으로 가는 피를 정맥환류라고 합니다.

그런데 심혈관계는 우리가 몸을 갑작스럽게 움직

이면 예민하게 반응합니다. 좀 더 있어 보이게 말하면 중력가속도에 매우 예민합니다. 그네를 탈 때, 바이킹을 탈 때 갑자기 아래로 확 내려가거나 위로 상승할 때 속이 울렁거리는 것을 다들 느껴보셨을 겁니다. 모두 심혈관계에 중력가속도가 전해지면서 신경이 예민해져 나타나는 증상입니다. 그럼 잠을 자고 있다가 일어났을 때는 어떤가요? 우선 누워 있을 때는 그저 상하좌우로만 혈액이 이동하고 위아래로는 이동할 필요가 거의 없기 때문에 중력의 영향을 덜 받게 됩니다. 그러므로 심장은 비교적 약하게 펌프질을 하죠.

하지만 대한민국 평균 신장을 가진 성인이 누워 있다가 일어나면 심장은 바닥에서 6배 높이 올라갑니다(심장의 높낮이 길이 기준). 이때 심장으로 들어가는 피가 중력의 힘을 이기지 못해서 심장으로 피가 충분히 공급되지 않는 상황이 발생합니다. 그러면 심장에서 다시 온몸으로 퍼져 나가는 피의 양도 모자라게 되겠죠. 결국 우리 몸은 순간적으로 피가 모자란 상황이 됩니다. 특히 문제는 뇌로 가는 혈류량이 줄어드는 것인데, 이 때문에 어지러워지고 눈앞이 캄캄해지면서 심한 경우엔 호흡곤란이 오기도 하고 실신하기도 합니다. 물론 뇌는 바로 대응합니다. 교감신경계가 심장의 펌프질을 가속하여 혈액순환을 정상화시킵니다.

자, 이제 기립성 저혈압이 찾아온다면 우리는 어떻게 하면 될까요? 우선은 천천히 일어나야 합니다. 일상생활 중에 이런 일이 생기면 옆으로 눕거나 주변에 앉으면 됩니다. 참 쉽죠? 하지만 기립성 저혈압이 시도 때도 없이 찾아온다면 반기지 말고 병원으로 가야 합니다.

요즘 과학, 더 생생히 즐기자!

왜 앉았다 일어서면 어지러울까?

왜 나도 모르게 자꾸만 다리를 떨까?

다리를 한 번도 안 떨어보신 분 있나요? 어른들은 옛날부터 다리를 떨면 복이 나간다고 했습니다. 상대가 봤을 때 불안해 보이고 경망스러워 보인다고 하시면서요. 그런데도 우리는 다리를 떨게 됩니다. 도대체 왜 다리를 떨고 싶은 것일까요?

과거부터 전문가들의 의견은 분분했습니다. 스트레스를 받아서 생긴 틱의 일종이거나 어릴 적 고치지 못한 습관이라고 하는 전문가도 있고, 어떤 연구진은 박자감을 위해서 규칙적으로 다리를 떤다고도 합니다. 뭐 기쁜 일이 있거나 흥겨우면 그럴 수 있죠. 특히 동물행동학자들은 다리 떨기를 두고 정서가 불안한 사람들이 태아 때 자궁 안에서 느끼던 모체의 심장박동을 다시 느끼기 위해 규칙적인 리듬으로 다리를 떠는 것이라고 주장합니다. 그러고 보니 저도 긴장한 상태일 때 다리를 떨면 좀 편안해지는 느낌을 받고는 했던 것 같습니다.

또 다른 연구진은 의자나 바닥에 오래 앉아 있으면 다리가 저리기 때문에 무의식적으로 떠는 것이라고도 합니다. 의자에 앉아서 다리를 가만히 두면 처음엔 별다른 힘이 들어가지 않지만 시간이 지날수록 혈액순환이 어려워집니다. 그러면 말단신경이 이를 인식하고 우리 뇌가 다리가 저리다고 인지하게 되는 것입니다. 즉, 혈액순환을 활발히 하기 위해 무의식중에 다리를 떨게 된다는 것입니다.

저는 마지막 전문가 그룹의 의견을 지지합니다. 왜냐하면 앉아서 다리를 떠는 게 건강에 도움이 된다는 연구 결과가 나왔기 때문입니다.

미국 미주리대학교 자우메 파딜라(Jaume Padilla) 교수 연구팀은 앉아 있는 동안 다리를 떨면 혈류 감소를 피할 수 있을 것이라는 생각을 하였습니다. 그래서 남녀 11명을 대상으로 앉은 상태에서 다리를 떨게 하는 실험을 진행했습니다. 참가자들은 의자에 앉은 상태에서 1분 동안 한쪽 다리를 떨고 4분간 쉬는 과정을 반복했습니다.

그 결과, 다리 떨기를 반복한 뒤에는 떨기 전과 비교해서 혈류의 양이 상당히 상승한 것으로 나타났습니다. 그러나 다리 떨기를 멈추면 혈류량은 다시 내려갔습니다. 다시 말해서 다리 떨기는 혈류량을 늘리고, 이는 혈압 상승으로 이어져 궁극적으로는 혈관 건강에 긍정적인 영향을 줄 수 있습니다. 물론 고지혈증 등으로 인한 혈압 상승은 문제지만요. 만약 다리를 떨지 않고 3시간 이상 동안 앉아만 있으면 혈류량이 감소하고 저혈압이 오게 되면서 다리 안쪽 동맥에 장애를 유발할 수도 있습니다. 신기하게도 계속해서 가만히 앉아만 있으면 발목 둘레가 두꺼워지는 현상도 발견되었습니다.

왜 이런 현상이 일어날까요? 가만히 앉아만 있을 때는 다리근육이 거의 사용되지 않고 있기 때문입니다. 심장에서 대동맥을 타고 다리로 뿜어져 나온 피는 다리와 발 곳곳에 산소를 제공하고, 이산화탄소를 회수해 정맥을 따라 심장과 폐 쪽으로 올라가야 합니다. 그런데 다리근육이 사용되지 않으면 발과 다리에서 상체 쪽으로 피가 올라가는 힘이 약해져 혈관 한쪽에 피가 고이게 되고, 이것이 오래되면 '혈전'이라는 피가 굳어 생기는 덩어리가 만들어집니다. 따라서 피가 우리 몸을 제대로 순환하지 못하게 되고 다리에서부터 붓기가 나타나는 것입니다. 가느다란 다리를 원한다면 다리를 떨거나 아니면 자주 일어나서 걸어 다녀야 하겠네요.

지난 몇십 년간 앉아서 일하는 직업의 수는 급격하게 늘어났습니다. 그리고 심혈관 질환의 연관성도 이와 함께 증가했다는 실험 보고서도 있습니다. 아직까지는 왜 오래 앉아 있을수록 심혈관 질환이 유발되는지 정확한 메커니즘이 밝혀지지 않았지만, 오래 앉아 있을수록 우리 몸에 치명적이라는 것은 확실해 보입니다.

자, 그렇다면 이제 일어서서 걸으십시오. 만약 일어서서 걸어 다닐 수 없다면 앉아서 다리를 조금씩 떠는 것도 건강에 도움이 됩니다. 누군가 다리를 떨지 말라고 한다면 이 책을 보여줍시다.

요즘 과학, 더 생생히 즐기자!

도대체 다리 떠는 이유가 뭘까?

우리는 왜 칠판 긁는 소리를 싫어할까?

'쏴아아아아' 하는 빗소리

'쿠구궁 쿠과강' 하는 천둥소리

'타다닥 타닥' 하는 장작 타는 소리

'촤르륵 촤르륵' 하는 강물 흐르는 소리

'찌르륵 삐르륵' 하는 벌레 소리

'치익 치익' 하는 기차 소리

'삐비빅 짹짹' 하는 새소리

'웅성웅성' 하는 식당 소리

사람마다 똑같은 소리를 들었을 때 싫어하기도 하고 좋아하기도 합니다. 여러분은 어떤 소리를 좋아하고 또 어떤 소리를 싫어하시나요? 저는 소나기가 내리는 소리와 파도치는 소리를 가장 좋아합니다. 하루는 시골에 내려가 있을 때였습니다. 한지로 된 문을 열고 밖을 내다보고 있는데 갑자기 소나기가 내리기 시작했습니다.

"쏴아아아아아아아아~"

마음이 무척 편안해지더군요. 그렇게 한참을 소나기를 바라보았습니다.

하지만 칠판을 손톱으로 긁는 소리를 좋아하는 사람들은 없을 거라 생각합니다. 아마 몇몇 사람들은 손톱으로 칠판을 긁는 상상을 하거나 그 모습을 사진으로 보기만 해도 소름 끼쳐 할 겁니다. 그런데 왜 우리는 이런 소리를 싫어하는 것일까요?

칠판 긁는 소리가 듣기 싫은 이유

칠판 긁는 소리를 싫어하는 이유로 대다수 사람들은 소리의 주파수가 너무 높아서, 시끄러워서라고 생각합니다. 맞는 말이긴 합니다.

그런데 고주파라고 해서 모든 소리가 기분 나쁘진 않습니다. 왜냐하면 인간이 인지하는 소리의 주파수는 20~20,000Hz(헤르츠)로 제한되어 있기 때문이죠(그림 1).

20헤르츠 이하의 소리나 2만 헤르츠 이상의 소리는 인간이 들을 수 없습니다. 그래서 20~2만 헤르츠를 우리가 들을 수 있는 소리라는 의미로 가청 주파수라고 부릅니다. 그렇다면 우리는, 아니 '우리 몸'은

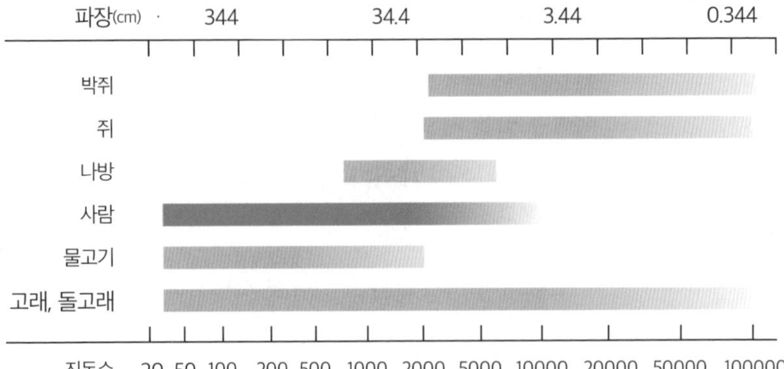

그림 1. 가청주파수 영역 그래프

왜 이런 고주파의 소리를 들으면 싫어하도록 반응하는 것일까요? 우선 우리 인간이 가장 민감하게 느끼는 소리의 주파수를 알아봅시다.

영국 뉴캐슬대학교 뇌과학 연구원 수크바인더 쿠마(Sukhbinder Kumar)와 독일 막스플랑크 연구소 연구원 크리그스타인(Kriegstein)이 공동으로 '어떻게 소리가 우리를 소름 끼치게 만드는지'를 연구한 자료에 나온 그래프입니다(그림 2). 노란색으로 표시된 부분의 아래 가로축을 보면 2천(2kHz)와 5천(5kHz) 사이를 표시하고 있습니다. 조용함을 느끼는 기준점을 보면 노란색으로 표시된 부분이 가장 낮게 나옵니다. 다시 말하면 2천 헤르츠와 5천 헤르츠 사이의 주파수를 들으면 아무리 조그마하게 소리를 내도 소름 끼치거나 기분 나쁘거나 할 수 있다는 의미입니다. 그렇다면 칠판을 긁는 소리는 몇 헤르츠일까요?

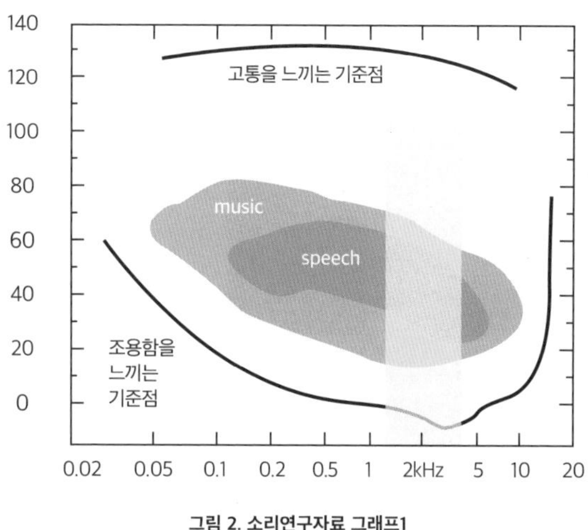

그림 2. 소리연구자료 그래프1

영국 뉴캐슬대학교 신경학 연구진의 소리 측정 그래프를 더 살펴보겠습니다(그림 3). 연구진은 총 6가지의 소리를 사람들에게 들려주었고 이 중 어떤 소리를 가장 싫어하는지 1~5점으로 측정하였습니다. 숫자가 높을수록 기분이 나쁘다는 의미입니다. 그래프를 보니 유리병을 칼이나 포크로 긁을 때 나는 소리와 분필로 칠판을 긁을 때 나는 소리에 높은 숫자를 표시했네요.

왼쪽에 있는 숫자들이 주파수인데 칠판을 긁을 때 나오는 소리의 주파수가 앞서 나온 그래프처럼 인간에게 가장 예민한 주파수인 2~5천 헤르츠 사이와 비슷합니다. 다시 말하면 무언가를 긁을 때 나오는 소리는 인간이 가장 예민하게 받아들이는 소리라는 것입니다.

그런데 주파수가 높다고 무조건 싫어하는 것은 아니라는 연구 결

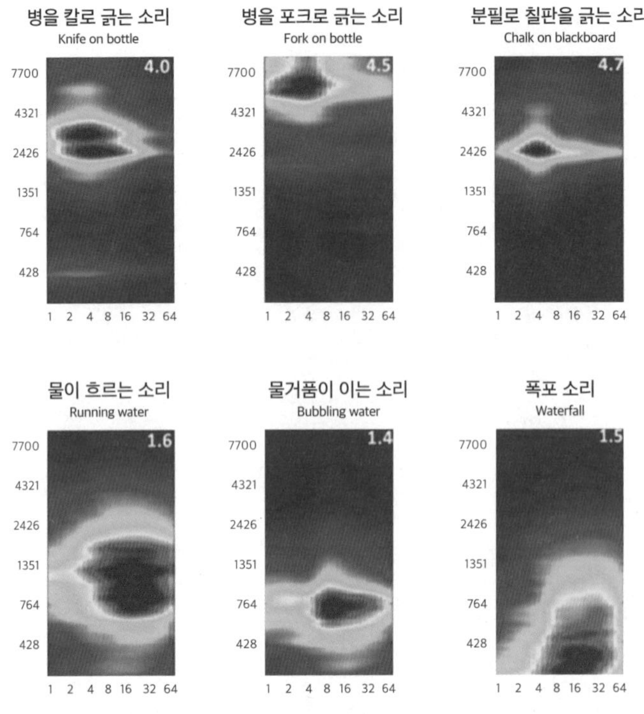

사람들은 어떤 소리를 가장 싫어할까?
우측 상단의 점수가 높을 수록 기분이 나쁜 소리다.
그림 3. 소리연구자료 그래프2

과도 있습니다. 미국 일리노이대학교 신경학자들이 연구한 자료에 따르면 쇠와 쇠를 부딪치는 소리, 유리창을 긁는 소리에서 높은 주파수 부분을 제거한 뒤 재생했는데 이때도 피실험자들은 듣기 싫어했다고 합니다. 그렇다면 우리 인간은 단순히 음역대가 높다고 해서 싫은 것이 아니라 그냥 그런 종류의 소리들이 싫은 것이 아닐까요? 자, 그럼 질문을 다시 해볼까요? 우리 인간의 몸은 왜 이런 소리를 싫어하도록 만들어진 것일까요?

마라토너들이 고통의 극한을 넘어 계속 달리다 보면 황홀감을 느끼는 경우가 있는데, 이것을 '러너스 하이(runners high)'라고 합니다. 이 경지에 도달하면 지치지 않고 더 오래 달릴 수 있겠다는 생각이 들어 달리기 애호가들은 이를 마치 '마약 같은' 순간이라고 하기도 합니다. 레슬링 선수들이 경기 도중 한동안 목을 졸렸을 때 황홀감을 느꼈다고 하는 것도 비슷한 경우입니다. 이 밖에도 다양한 종목의 운동선수들이 극한의 고통을 넘어서는 훈련을 하다가 러너스 하이를 경험한다고 하네요.

운동 선수들이 이런 식으로 고통의 극한에서 황홀감을 느끼는 한편, 어떤 사람들은 극한 상황에 달했을 때 특정 소리를 듣는다고 합니다. 수명이 다해 죽을 때 들리는 소리가 꼭 칠판 긁는 소리 같다고 말하기도 하고요. 인간이 극한의 상황에 달하거나 죽을 때 몸에서 행복 호르몬이라 불리는 엔돌핀이 뿜어져 나오는데(그래서인지 수명이 다해 죽어가는 사람의 얼굴이 편안한 모습을 하고 있다는 연구 보고가 여럿 있습니다) 그 때 칠판 긁는 소리가 들리나 봅니다. 하지만 아직까진 우리가 죽을 때 어떤 소리가 들리는지 알 수 있는 근거가 없죠.

몇몇 생물학자들은 이러한 특정 소리들을 두고 우리가 '본능적'으로 싫어하는 소리라고 주장합니다. 이 생물학자들이 하는 이야기가 더 맞는 것 같습니다. 왜냐하면 동물 실험을 통해 일본원숭이가 맹수를 만났을 때 공포에 질려 지르는 소리가 칠판을 긁을 때 나는 소리와 비슷하다는 것을 확인했기 때문이죠.

지금은 우리 인간이 맹수를 만나거나 포식자를 만났을 때 인간 무리에게 정보를 알리기 위해 소리를 지를 일이 없지만 아주 오랜 과거, 원시시대 때의 조상 인류는 수렵 활동을 하면서 맹수를 만났을 때 소리를 질렀을 겁니다. 그때의 소리가 칠판 긁는 것과 비슷한 소리였을 것이고 그때의 본성이 아직 현대의 인간 DNA에 각인되어 있는 것이 아닐까요?

번외 편

피부로도 소리를 들을 수 있다?

귀뿐만이 아니라 피부로도 소리를 듣는다고 하면 믿으시겠습니까? 그런데 이 놀라운 이야기가 사실이라고 합니다.

캐나다 브리티시콜럼비아의 브라이언 긱(Bryan Gick) 연구팀은 특정 소리와 함께 전달되는 공기의 흔들림이 사람이 느끼는 소리에 영향을 준다는 사실을 발견했고, 이는 사람이 소리를 듣는 데 청각과 시각 외의 다른 요인도 작용한다는 사실을 보여주는 것이라는 연구 결과를 〈네이처〉에 발표했습니다.

실험은 '파'나 '타'처럼 말할 때 들리지는 않지만 작은 숨소리가 따르는 소리들과 '바', '다'처럼 숨소리가 따르지 않는 소리들을 비교하면서 피실험자들의 손등이나 목에 가볍게 공기를 불어주거나 불어주지 않는 방식으로 진행됐습니다. 그 결과 '바', '다' 와 같은 평음을 들려주면서 공기를 함께 불어주면 듣는 사람은 이를 기식음(소리가 딱 끊어지지 않고 [h]소리를 동반하는 소리)인 '파'와 '타'로 인식하는 것으로 나타났습니다.

다시 말하자면 어떤 소리든 파장을 가지고 있으며 그 파장을 진동으로써 우리 몸이 느낀다는 겁니다. 그리고 사람이 소리를 들을 때 피부로 느낀 진동을 정보로 사용한다는 의미죠. 연구 결과를 토대로 당시엔 청각장애인을 위한 피부 청각 보조 장치나 엄마 배 속에서 소리를 듣고 있는 태아를 위한 여러 가지 태교 상품을 개발할 수 있을 것이라 생각했었는데, 그러한 기대가 실현되기 시작했습니다.

2018년 11월, 페이스북의 비밀 개발팀으로 알려져 있던 '빌딩 8'에서 팔의 피부를 통해 소리를 들을 수 있는 디바이스인 암밴드(armband)를 만들었습니다. 이 암밴드의 작동 방식은 음소 단위마다 고유한 진동을 만들어내는 것입니다. 빌딩 8은 이 디바이스를 이용해 뇌파로 의사소통을 하는 텔레파시 기술을 연구하다가 조직 개편으로 해산했다고 합니다. 만약에 빌딩 8이 기술 개발을 완성했다면 앞서 생각했던 것처럼 청각장애인들의 의사소통 방식을 크게 개선시킬 뿐 아니라 여러 가지로 활용될 수 있었겠죠. 특히 청각장애인이 이 디바이스를 사용하면 수화 통역자 없이도 다른 사람이 말하는 내용을 이해할 수 있게 되기 때문에 다시 연구개발을 시작했으면 좋겠습니다.

요즘 과학, 더 생생히 즐기자!

왜 철판 긁는 소리는 싫을까?

정말 ASMR로 오르가슴을 느낀다고?

"Autonomous Sensory Meridian Response."

ASMR은 이 영어의 약자입니다. 우리말로 하자면 자율 감각 쾌락 반응이죠. 뭔가 의학적인 용어 같지만 ASMR 연구소 설립자 제니퍼 앨런(Jennifer Allen)이 만든 신조어입니다. 이 신조어가 생기기 전까지는 특정 소리에 쾌감을 느끼는 이 같은 현상을 두고 미국 대체의학 커뮤니티에서 '이상한 느낌이 드는 것(Weird sensation feels good)'이란 주제로 논의한 적이 있다고 합니다.

유튜브의 인기가 점점 높아지기 시작한 어느 시점에 갑자기 ASMR 콘텐츠가 보이기 시작했습니다. 이 ASMR은 사람에게 심리적 안정감이나 쾌감을 주는 특정 소리를 지칭하는데, 유튜브에 영상을 업로드

하는 유튜버들은 아주 작고 미세한 소리까지도 잡아내는 마이크를 이용해 초콜릿을 칼로 자를 때 나는 소리, 나무나 벽에 페인트를 칠하는 소리, 액체가 들어 있는 병을 흔드는 소리 등을 녹음하고 업로드합니다. 이때 유튜버들은 소리가 나는 장면도 보여주는데 형형색색의 물건들로 구성해서인지 눈도 같이 즐거워지죠. 그래서 전 세계의 수많은 사람들은 잠자기 전이나 무언가에 집중할 때 등 심신을 편안하게 하기 위한 용도로 ASMR 영상을 어마어마하게 소비하고 있습니다.

귀로 느끼는 오르가슴?

ASMR을 주제로 한 영상을 즐겨 보는 사람들은 ASMR을 귀나 머리로 느끼는 오르가슴이라고도 표현하기도 합니다. 이어폰을 끼고 영상 속에서 흘러나오는 자그마한 소리나 부스럭거리는 소리를 들을 때 온몸이 톡톡 튀거나 간지러운 느낌이 들기 때문이죠.

갑작스러운 현상이든 이유가 있든 인기가 많은 영상 포맷이 생기면 광고계에서 눈여겨보기 시작합니다. 역시나 TV에서도 ASMR을 이용한 광고들이 나오기 시작했습니다. 배우가 바사삭바사삭 소리를 내며 크래커를 먹기도 하고, 아예 시청자에게 ASMR에 적합한 소리를 들려주면서 어떤 소리인지 맞혀보게 하는 방식으로 제품 광고를 하기도 합니다. 이런 광고를 보신 적 있나요? 어떻게 느끼셨는지 궁금해집니다.

자, 그런데 ASMR과 비슷하지만 비교되는 소리들이 있습니다. 바로 백색소음입니다. 많은 사람들이 백색소음과 ASMR을 헷갈리는데 백색소음은 마치 여러 색의 빛이 합해져서 흰 빛이 되는 것처럼 여러 다양한 주파수의 소리가 섞여 들리는 소리입니다. 예를 들면 비오는 소리, 파도치는 소리, 기차 소리, 사람들이 웅성웅성하는 소리 등을 말합니다. 이런 소리들은 평상시에 항상 들리는 일상적인 자연의 소리기 때문에 우리는 주변 자연환경에 둘러싸여 있다는 보호감을 느끼며 심리적 안정감을 얻게 됩니다. 그래서 학생들에게 백색소음이 가득한 공간에서 학습을 하게 하면 학업성취도가 약 30%이상 증가하고, 집중도가 약 20%이상 증가한다는 결과의 실험들이 많습니다.

반면에 어떠한 소리를 들었을 때 기분 좋은 느낌, 간지러운 느낌, 오르가슴을 느낀다면 이 소리를 ASMR이라고 부릅니다. 자, 여기서 궁금증이 생깁니다. 도대체 왜 우리는 ASMR을 들으면 기분이 좋아지다 못해 오르가슴을 느낄까요?

과학자들도 ASMR을 듣고 보면서 희열을 느꼈는지 아니면 저랑 같은 궁금증이 생겼는지 이와 관련된 연구를 시작했습니다. 영국의 연구원인 바라트(Barratt)와 데이비스(Davis)는 460여 명의 남녀를 대상으로 ASMR 콘텐츠를 보았을 때 느끼는 반응을 조사했습니다. 그 결과 대부분의 사람들은 속삭임(75%), 시청자 개개인의 주목을 끄는 소리(personal attention)(69%), 알루미늄 호일 구기는 소리·손톱 자르는 소리·과자 먹는 소리 등의 아삭아삭한 소리(Crisp sounds)(64%)를 들으면 편안함을 느끼고 잠자는 데 도움이 되었다고 했습니다. 반면에 웃거나 우는 소리, 청소기 소리는 듣기 싫어했습니다.

그런데 놀라운 사실 하나가 발견되었습니다. 대부분의 사람들은 밤에 심신을 편안하게 만들기 위해서 ASMR을 듣는데, 5%의 사람들은 성적 욕구를 위해 ASMR을 듣는다고 한 겁니다. 이 실험에 참가한 사람들은 공통적으로 ASMR을 들으면 머리와 두피가 자극이 되고 이어서 목 뒤쪽을 따라 어깨까지 전율이 흐른다고 답했습니다. 머리로 오르가슴을 느낀다는 거네요. 그러나 사람들이 왜 이런 반응을 보이는지에 대한 명확한 기전은 밝혀지지 않아 아쉬웠습니다.

한편 국내에서도 ASMR 자극과 관련해 진행한 연구를 찾을 수 있었습니다. 글로벌 문화콘텐츠학회에서 ASMR 제작자의 촬영 구도와 청각적 요소에 따른 반응을 연구한 것인데요. 일반적으로 물체와 소리만 나올 때보다 크리에이터, 즉 사람이 직접 출연하여 ASMR 형태의 소리를 만들어내면, 시청자로 하여금 마치 바로 앞에서 사람이 속삭이고 있다는 착각을 들게 했습니다. 한마디로 더욱 현실감이 있었다는 건데요. 앞서 소개한 CF ASMR처럼 청각 요소와 시각 요소가 일치하게 될 경우, 모델이 시청자 바로 앞에서 소리를 내는 것처럼 느껴져 몰입감이 더 높아졌습니다.

뇌를 쉬게 하는 ASMR 청각 자극

사회신경과학(Social Neuroscience)에서 2016년에 발표한 ASMR 연구 자료에 따르면, ASMR 영상에서 나오는 소리들이 인간의 뇌 일부를 둔

하게 만든다고 합니다. 자세히 알아볼까요?

우리가 아무 일을 하지 않고 가만히 쉬고만 있어도 인간의 뇌 일부는 계속 작동합니다. 작동하는 영역은 후측 대상피질(posterior cingulate cortex), 쐐기전소엽(precuneus)의 중심부와 내측 전전두피질(medical prefrontal cortex; MPFC)의 중심부입니다. 이러한 영역들은 본능적으로 주변에서 일어나는 일들을 우리의 5가지 감각(시각 · 청각 · 후각 · 미각 · 촉각)을 통해서 인지합니다. 갑자기 맹수나 강도등의 위협적인 존재가 나타난다든지 혹은 누군가 나를 부를 때 대응하기 위해서 말이죠. 과학자들은 이런 뇌의 작동 부분을 내정 상태 회로(default mode network; DMN)라고 부릅니다.

그런데 우리가 ASMR의 영상과 소리를 들으면 '내정 상태 회로'가 제대로 작동하지 않게 됩니다. 즉 ASMR을 듣지 않고 그냥 휴식을 취하는 사람과 비교해서 주변 환경에 신경을 덜 쓰게 된다는 것이죠. 그래서 궁극적으로는 심장박동 수도 줄어들고, 뇌가 오감으로 얻은 정보를 처리할 때도 적은 양의 에너지를 사용함으로써 아주 편안한 상태를 넘어 오르가슴을 느끼는 상태가 되는 것입니다.

하지만 우리가 ASMR에 열광하는 진짜 이유는 어쩌면 상상력 때문이 아닐까 생각하게 됩니다. 지금까지의 영상 콘텐츠들은 대다수 시각적 요소에 의지해왔습니다. 그러다 보니 이미지 과잉을 불러일으켜 피로감을 느끼게 되었고 때때로 알게 모르게 우리의 상상력을 제한하기도 했습니다. 하지만 ASMR은 청각적 감각을 극대화했기 때문에 이미지나 영상을 볼 때와는 차원이 다른 상상의 세계로 우리를 인도합니다.

프랑스 철학자 메를로 퐁티는 소리의 파동이 결국 시각 인지에도 영향을 미칠 수 있다고 말했습니다. 다시 말해 청각적 요소들이 우리가 경험했던 일들을 떠올리게 하면서 우리는 상상의 나래를 펼치게 되는 것이죠. 따라서 그 순간 우리는 기분이 좋아지고 마음이 편안해지는 것입니다.

여러분들은 어떻게 생각하시나요? 책은 잠시 덮어 두고, ASMR 영상을 감상해보세요. 어떤 자극을 받으시나요?

요즘 과학, 더 생생히 즐기자!

ASMR로 오르가슴을 느낀다?

정말 '좀비'가 된 사람이 있을까?

여러분들은 어떤 장르의 영화를 좋아하시나요? 저는 아포칼립스, 포스트 아포칼립스, 바이러스, 재난 등의 소재를 다룬 영화를 좋아합니다. 비정상적인 상황에서 살아남은 인간들이 문제를 해결해나가는 과정이 재미있거든요. 그중에서도 바이러스에 감염된 인간이 나오는 이야기, 일명 좀비 영화를 가장 좋아합니다.

영화 〈28일 후〉, 〈28주 후〉, 〈나는 전설이다〉, 〈새벽의 저주〉, 〈랜드 오브 데드〉, 〈레지던트 이블〉 등 좀비 영화는 해외에서는 B급이지만 우리나라에서는 과거부터 대중적으로 인식되었고 마니아층도 두텁습니다. 2016년 〈부산행〉의 천만 관객 돌파 이후 한국형 좀비 장르에 대한 우려 또한 불식되었고 최근에는 넷플릭스에서 조선시대 좀비 드라마 〈킹덤〉이 시즌제로 방영되기도 했습니다.

그런데 영화처럼 죽어서 시체가 된 사람이 다시 벌떡! 일어나서(즉 좀비가 되어) 정상적인 인간을 물어뜯고 감염시키는 사건이 현실에서 발생한다면 어떻게 될까요? 영화는 영화로 보자고요? 영화는 영화로 봐야 하지만 실제로 좀비 바이러스가 퍼졌다고 생각해보자고요.

좀비는 어디에서 유래된 것일까?

먼저 좀비는 어디에서 유래되었는지 알아봅시다. 좀비의 어원은 '신'이라는 뜻을 가지고 있는 아프리카 콩고의 단어인 은잠비(콩고어: Nzambi, 신)와 숭배의 대상을 뜻하는 줌비(Zumbi)가 합쳐져서 만들어진 단어라는 설이 있고, 카리브해 연안에 사는 사람들이 쓰는 언어인 '크레올어'로 '움직이는 시체'라는 의미에서 기원되었다는 설도 있습니다. 하지만 영화에 나오는 좀비에 가장 큰 영향을 준 것은 전설로 떠돌았던 부두교의 주술입니다. 전설에 따르면 부두교의 주술사가 시체에 주술을 걸어서 다시 움직이게 만든다는 내용이 담겨 있죠.

이 전설의 영향을 받아 1932년 미국에서는 〈화이트 좀비〉라는 최초의 좀비 영화가 개봉하게 됩니다.

하지만 현대의 좀비 영화처럼 서로 물어뜯거나 하지 않고 세뇌된 노예들로 나오기 때문에 좀 애매합니다. 그러던 어느 날 리처드 매드슨 소설 《나는 전설이다》의 영향을 받은 조지 A. 로메로 감독이 1968년 〈살아있는 시체들의 밤〉이라는 영화를 만들며 드디어 현대

화이트 좀비 영화 포스터 사진

좀비물의 기초가 되는 영화를 내놓게 됩니다.

2017년 7월 16일 좀비 영화의 거장인 조지 A. 로메로 감독은 '왜 시체가 다시 되살아나는지'에 대해서는 의문으로 남긴 채 세상을 떠났습니다. 그럼에도 불구하고 외계에서 온 바이러스 때문에 혹은 인간의 실수로 희귀한 바이러스가 만들어져서 실제로 죽은 시체가 움직이는 일이 나타난다고 칩시다. 영화나 드라마 속 좀비 사태처럼 아포칼립스(세상의 종말!)가 될까요?

먼저 영화 속 좀비들을 잘 관찰해봅시다. 일단 좀비들은 엄청 먹습니다. 또 감염되지 않은 깨끗하고 튼튼한 사람들을 잡아먹기 위해서 처음에는 육상선수처럼 달립니다. 좀비에 대해 조금 더 과학적으로 접근해보면 다음과 같은 내용을 발견하게 됩니다.

① 좀비는 시간이 지나면 사라진다!

좀비들은 물어뜯기면서 감염됩니다. 그리고 감염이 되면 우선 죽었다가 다시 살아납니다. 일단 죽은 것이기 때문에 생체 기능이 정상 작동하지 않고 면역 시스템도 작동하지 않아서 세균이나 다른 바이러스의 침입으로 피부와 살이 썩어 들어갑니다. 그리고 점점 살이 썩어 없어지면서 스스로 사라집니다.

② 좀비들은 제대로 달리지도 못하고 걷다가 다 넘어진다!

죽은 것이 움직이는 것이기에 모든 장기는 작동하지 않습니다. 무엇보다 폐가 작동하지 않으니 뇌에 산소 공급이 안 됩니다. 뇌의 산소량이 급격히 낮아지면 판단력과 운동능력이 떨어지죠. 그래

서 그런지 영화 속 좀비들은 자극이 없을 때는 멍하니 있습니다. 그런데 뇌뿐만 아니라 에너지를 만들어내는 세포에도 산소가 필요합니다. 폐가 작동하지 않으니 세포에는 산소가 공급되지 않고, 에너지를 만들어내는 세포의 해당 과정*과 TCA 사이클** 그리고 산화적 인산화 반응***이 작동하지 않아 에너지를 만들지 못하죠. 거기다 산소가 없어서 몸을 움직일수록 근육에는 젖산이 쌓입니다. 그리고 젖산이 만들어지는 과정에서 생성되는 수소이온이 근육에 축적되면서 근육은 점차 움직여지지 않게 됩니다. 겁나게 달리다가 갑자기 통나무가 되는 거죠.

그렇다면 여기서 잠깐! 두 가지 궁금증을 해결하고 갑시다.

먼저 첫 번째, "산소가 없으면 왜 근육에 젖산이 쌓이나?"

세포는 에너지를 만들 때 포도당이나 6탄당(설탕이나 젖당 등)을 분해하면서 피루브산을 만듭니다. 만약 산소가 존재한다면 산소를 이용해 피루브산과 반응시켜 더 많은 에너지가 생성되도록 만듭니다. 하지만 산소가 없다면 피루브산이 젖산으로 변합니다. 대신 빠르게 에너지를 만들어냅니다. 따라서 갑자기 근육을 많이 쓰는 운동을 하면 산소를 사용할 겨를도 없이 에너지를 만들어야 하기 때문에 근육에 젖산이

---

* 포도당을 피루브산으로 산화시켜 에너지(ATP)를 얻는 과정

** 해당 과정에서 생성된 피루브산을 이용해 에너지(ATP)를 얻는 과정

*** TCA사이클에서 만들어진 것들을 이용해 에너지(ATP)를 얻는 과정

쌓이게 됩니다. 물론 정상인이라면 시간이 지나면서 젖산이 금방 분해됩니다.

두 번째, "그럼 젖산이 많아지면 왜 근육을 움직일 수 없게 될까?"

많은 사람들이 젖산이 근육의 피로물질이라고 알고 있습니다. 그런데 정확하게 말하자면 젖산이 아니라 젖산이 만들어지는 과정에서 나오는 물질이 원인입니다. 에너지로 쓰기 위해 포도당에서 분해된 피루브산은 산소가 없는 환경에서는 젖산으로 변합니다. 이때 수소이온이 방출되는데, 이 수소이온은 근육을 산성화합니다. 산성물질은 근육을 움직이는 데 필요한 근소포체와 에너지 생산에 필요한 효소들의 활동을 저해하기 때문에 점점 근육을 움직이기 힘들어지는 것입니다.

정리하자면 처음 좀비가 되면 갑자기 배가 고파지고, 깨끗한 인간을 발견하면 잡아먹기 위해 미친 듯이 달립니다. 그러다가 며칠간 젖산과 산성물질이 쌓이고 여러 파생물질들이 생기면서 근육이 움직이지 않게 되고, 면역체계가 없어진 좀비들은 그 자리에서 점점 썩어 들어가 사라집니다.

진짜 좀비가 나타난다면? '좀비 대비 시나리오'

그러나! 안심할 때가 아닙니다. 잘 생각해보면 좀비가 움직일 수 있는 기간에는 위험합니다. 그 기간 동안 계속해서 인간을 물면 좀비는 계속해서 만들어지기 때문이죠. 그래서 미국 국방성은 실제로 좀비 대비 시나리오를 만들어두었습니다. 이름하여 conplan8888! 미국 국방성은 좀비 유형을 여러 가지로 나눴습니다. 영화에 흔히 나오는 ① 박테리아나 바이러스에 감염된 좀비, ② 방사능 좀비, ③ 외계인 좀비, ④ 무기를 사용하는 좀비 등입니다. 실제로 죽었다 살아난 시체라기보다는 어떠한 이유로 정상적인 인간으로써 행동하지 못하는 인간 집단이 나타났을 때를 대비한 것으로 생각합니다.

작전계획에 따르면, 미국 육군은 앞에서 나눈 유형의 좀비가 나타나면 5단계로 나누어 작전을 펼칩니다.

1단계 : 인지능력이 없는 좀비들이 출몰했다는 보고가 들어옵니다. 미군은 좀비와는 협상이나 협의가 불가능하다고 판단되면 제거 작전을 시작합니다. 전시체제가 되면서 주 방위군이 배치되고 좀비 출몰 지역으로 이동합니다.

2단계 : 주 방위군들은 좀비 출몰 지역에서 시민들을 구출하고 지역을 봉쇄, 소독합니다. 추가로 좀비 출몰 지역에 요새를 만들어 다른 도시로 확장되지 않게 방어선을 만듭니다. 소규모 지역이면 컨테이너를 쌓아 경계선을 만들기도 하고 넓은 지역이면 간이 장벽을 빠르게 세우기도 합니다. 방어선을 구축하는 장면은 여러 좀비 영화에서 나옵니다. 영화 〈부산행〉에서는 부산과 대전에서 방어선을 만들지만 대전 방어선은 너무 늦게 만들어져서 뚫리고 부산에서 방어선을 구축한 장면이 나옵니다. 영화 〈월드워Z〉에서는 이스라엘은 국경을 따라 거대한 장벽을 세웠고 미국은 바다에 항공모함 전단을 필두로 해상 대피소를 만들어 정부기능을 유지하는 장면이 나옵니다.

3단계 : 좀비 창궐 지역으로 미군이 투입되고 몰살합니다. 투입된 미군은 그 지역에서 최대 40일간 지낼 수 있는 보급품을 가지고 갑니다. 이때는 정상적인 인간이 아닌 모든 생명체는 사살할 수 있습니다. 영화 〈28주 후〉를 보면 런던에 투입되어 있던 미군들이 좀비와 인간이 구별되지 않자 몰살해버리는 장면이 나옵니다.

4단계 : 2단계와 3단계의 반복

5단계 : 도시 재건입니다. 좀비가 모두 제거된 것을 확인하고 도시를 복구합니다. 그러나 최소 50일간은 이 지역에 계엄령이 내려지고 방위군이 주둔합니다. 영화 〈28주 후〉의 초반 장면에 미군이 런던 일부 지역에서 방어선을 만들고 도시를 재건하는 장면이 나옵니다.

좀비 영화나 만화를 볼 때면 우리는 인간의 입장에서 이야기를 풀어나갑니다. 그런데 저는 잠깐 입장을 바꿔서 생각해봤습니다. 최근 미국 어바나-샴페인의 일리노이대학교 소속 구스타보 카에타노-아놀

레스(Gustavo Caetano-Anoll's) 연구진은 과학 저널 〈사이언스 어드밴시스〉에 바이러스의 진화 계통을 제시하면서 바이러스도 생명체로 분류해야 한다는 의견을 제시했지만, 생물학적으로 아직까지는 바이러스를 생명체로 분류하고 있지 않습니다. 하지만 바이러스는 동물이나 식물을 감염시키면서 자신들의 DNA나 RNA를 퍼트리는데, 이를 통해 결국 바이러스도 번식을 한다고 볼 수 있습니다.

이런 관점에서 다시 좀비 영화를 볼까요? 마치 바이러스가 건강한 세포들을 숙주로 삼고 감염시키기 위해서 공기 중에 이리저리 떠다니듯, 좀비 자체가 하나의 바이러스가 되어서 깨끗하고 건강한 인간, 즉 숙주를 찾아 달리는 것과 같네요. 결국 이들도 자기들의 대(?)를 잇기 위해 피 튀기는 싸움을 한다고 볼 수 있겠습니다.

요즘 과학, 더 생생히 즐기자!

좀비가 현실에 등장한다면?

번외 편

근육의 피로는 젖산 때문일까, 아닐까?

이때까지 알려졌던 '근육의 피로가 젖산 때문이다'라는 주장의 근거는 영국 생리학자 아치볼드 비비언 힐의 연구 결과에서 비롯된 것입니다. 근육을 많이 쓰는 운동을 하고 난 뒤 젖산이 많이 생성되었던 실험 결과를 바탕으로 한 것이죠. 이 연구로 힐은 1922년 오토 프리츠 마이어호프와 함께 노벨 생리의학상을 수상했습니다. 그런데 최근에는 젖산이 근육 피로물질의 주 원인은 아니라는 의견이 제시되고 있습니다. 덴마크 오르후스대학의 생리학자 올 닐슨은 젖산이 아니라 칼륨이온의 과다 축적이 근육 피로를 불러일으킨다는 연구 결과를 2004년 〈사이언스〉에 발표했고, 미국 콜롬비아대학의 앤드루 마크는 칼륨이 아니라 칼슘 때문이라는 연구 결과를 2008년 미국 국립 과학원 회보(PNAS)에 발표했습니다. 또 염영일 한국생명공학연구원은 젖산이 오히려 저산소 상태에서도 세포가 정상적으로 생존하게 만들어서 저산소에서 암세포 생성에 관여하기도 한다는 결과를 과학 학술지인 〈셀〉에 발표했습니다.

아직까지는 근육의 피로가 젖산 때문인지, 칼륨이나 칼슘의 문제인지, 그 밖의 다른 것이 문제인지 연구가 엎치락뒤치락하는 상황입니다. 따라서 지금으로서는 '단순히 젖산 때문에 근육이 피로해지는 것이 아니라 여러 가지 물질들이 상호작용하면서 근육을 피로하게 만든다'고 말할 수밖에 없겠군요.

번외 편

결국 실체가 밝혀진 아이티 부두교 전설

중남미에 위치한 나라 아이티에는 '부두교'라는 종교가 있습니다. 과거 아이티에서는 부두교의 주술사가 죄를 지은 범인에게 주술로서 형벌을 내리기도 했습니다. 그 형벌 중 가장 큰 벌은 범인의 영혼을 빼앗고 노예로 만드는 것입니다. 전설로만 남아있던 부두교의 주술사 이야기는 1980년대 중남미 아이티에서 좀비가 목격되었다는 보도와 함께 실상이 밝혀지기 시작했습니다. 당시 현장에서 발견된 사람은 좀비가 되었다가 의식을 되찾은 아이티 주민, 클레어비우스 나르시스(Clairvius Narcisse)였습니다. 그는 자신이 좀비가 되어가는 과정을 자세히 설명하면서 자신이 죽었다가 살아났다고 경찰에 신고했습니다. 사실을 확인하려고 나르시스가 노예로 생활했던 농장을 찾아간 경찰은 그곳에서 멍한 표정으로 일하는 노예 집단을 발견했습니다.

이 사실이 보도됐을 당시 대다수 과학자들은 거짓이라고 했지만 하버드대학교 웨이드 데이비스 교수는 직접 아이티로 날아가 조사에 착수했습니다. 조사 를 해보니 죽은 시체가 움직이는 것이 아니었습니다. 노예 주인이 노예들을 마치 몽유병에 걸린 사람처럼 의식은 없는 상태로 움직일 수는 있게 만든 것이었습니다. 데이비스 교수는 당시 아이티 사람을 노예로 만들 때 쓴 약물이 있다는 것을 알게 되었고, 그 약물을 분석해보니 복어 독과 자이언트 두꺼비의 침, 독말풀이 들어 있었다고 합니다. 복어 독에는 신경마비를 일으키는 성분인 테트로도톡신이 있습니다. 그래서 이 독으로 신경전달을 차단해 사람을 죽은 것처럼 보이는 가사 상태로 만들고, 두꺼비 침과 독말풀로 환각작용을 일으킨 것이죠. 이렇게 되면 혀와 입에 감각이 없어지면서 서서히 목과 얼굴이 마비되고 모든 장기의 작동이 느려집니다. 그래서 심장박동 수가 줄어들고 체온이 내려가서 창백한 시체처럼 보이는 것입니다.

결과적으론 시체가 움직인 것이 아니라 환각작용과 신체 기능 저하를 이용해서 농장주가 노예를 만든 것이었습니다.

#01

만약 인간에게 아가미가 생겨서 물속에서 살 수 있다면?

만약 자기 자신이 물속을 자유롭게 돌아다닐 수 있다면 어떨지 상상해보신 적 있나요? 아가미와 물갈퀴는 없지만 물속을 자유롭게 잠수하고 헤엄치며 돌아다니는 영화 〈아쿠아맨〉 속 주인공처럼, 지구 전체가 바다로 뒤덮인 세상을 콘셉트로 한 영화 〈워터월드〉에 나오는 진화된 인류처럼(물속에서 살 수 있게 진화한 인류가 나온다) 말이죠.

가까운 미래에 특수한 목적으로 인간의 유전자를 변형할 수 있는 세상이 도래했다고 생각해봅시다. 그래서 사람의 유전자를 변형시켜 물속 생명체가 가진 아가미를 그대로 만들었다고 생각해보자고요.

자, 이제 이 아가미를 가진 사람은 당장에 부산 해운대로 향합니다. 그리고 자신 있게 바다로 뛰어들어 헤엄치기 시작합니다. 한참을 헤엄치다 보니 너무 지쳐 수면 위로 올라왔는데, 뒤를 돌아보니 해안가가 그대로 보입니다. 분명 한참을 수영했는데 아직 해안가에서 멀리 가지 못했습니다. 그런데 갑자기 몸이 너무 추워서 떨리기 시작합니다. 주변에는 어디 올라가서 따뜻한 햇볕을 받을 만한 곳이 없습니다. 점점 눈에서 힘이 풀리고 앞이 흐릿해지더니 기절했습니다. 도대체 이 사람에게 무슨 일이 벌어진 것일까요?

일단 인간은 물속에서 움직이기에는 적합하지 않은 신체 구조를 가지고 있습니다. 팔다리는 얇고 몸통은 거의 일자죠. 그래서 팔과 다리를 휘저어도 앞으로 잘 나가지 못합니다. 즉 물속에서 움직일 때의 에너지 소모가 매우 크다는 뜻이죠. 몸통도 유선형이 아니어서 물의 저항도 같은 덩치의 물고기보다 크게 받습니다.

또한 인간은 피하지방이 적습니다. 그래서 물속에 오래 있으면 저체온증에 걸려 죽기 쉽습니다. 보통 바다 온도는 10℃ 내외이고, 한여름엔 20℃까지 오르기도 하죠. 미국 미네소타대학교 해양·대기 관리 연구소(University of Minesota Sea Grant)에 따르면 인간은 1~6시간 정도 물속에서 버틸 수 있는 것 같습니다.

이런 신체적 문제 외에도 일상에서 할 수 있는 일들을 거의 하지 못합니다. 우선 물속의 다른 사람과 의사소통을 하려고 해도 소리 내어 말할 수가 없습니다. 왜냐면 우리 인간은 공기를 매질로 파동을 일으켜 소리를 내기 때문이죠. 반면 물속 생명체들, 특히 고래는 초음파를 발생해서 서로 의사소통을 하죠. 결국 우리가 물속에서 대화를 하려면 수화를 배워야 할 겁니다.

물 온도 섭씨(℃)	기력 소진, 무의식 상태 전까지의 예상 시간	예상 생존 시간
0.3℃	<15분	45분
0.3-4.4℃	15-30분	30-90분
4.4-10℃	30-60분	1-3시간
10-15.6℃	1-2시간	1-6시간
15.6-21.1℃	2-7시간	2-40시간
21.1-26.7℃	3-12시간	3시간-무한정
>26.7℃	무한정	무한정

미네소타 해양·대기 관리 연구소가
'인간은 찬물에서 얼마나 오래 생존할 수 있을까?'를 연구해 이와 같이 정리했다.

또 완벽하게 방수가 되는 휴대폰이 있어도 통신이 되지 않습니다. 물속에서는 전파가 굴절되기 때문에 전파의 도달 거리는 약 3m 정도밖에 되지 않습니다. 정말 물속에서 통화를 하고 싶다면 기지국을 3m 간격으로 동서남북으로 배치해야 합니다. 참고로 바닷속은 생수와 달리 전해질이 많아 전류가 통하죠. 전류가 통하는 물질은 전파가 잘 통과하지 못합니다.

이렇듯 그저 인간에게 아가미가 생겨서 물속에서 자유롭게 숨을 쉴 수 있다 하더라도 생활을 하는 데에는 무리가 있다는 결론을 내려야 할 것 같습니다.

요즘 과학, 더 생생히 즐기자!

만약 아가미가 생긴다면?

#02

만약 한 달 동안 씻지 않는다면?

여러분들의 샤워 루틴은 어떤가요? 저는 아침에는 귀찮아서 머리만 감고 저녁에 샤워를 합니다. 겨울에는 땀도 거의 안 나오고 건물 안에 가만히 있다 보니 더러워질 것이 없어서 이틀에 한 번씩 샤워할 때도 있습니다. 반면 한여름에는 집 밖으로 나가는 순간 땀이 나서 두세 번씩도 하죠. 몇몇 과학자들의 말에 따르면 인간이 일생 동안 샤워하는 시간을 합하면 평균 1~2년 정도가 된다고 합니다. 그런데 갑자기 이런 생각이 듭니다. 만약에 우리 인간이 한 달 동안 샤워나 목욕을 하지 않는다면 어떻게 될까요? 물론 여기서는 기후와 날씨를 생각하지 않고, 상온을 유지하는 집 안에서 활동하는 것만으로 따져보려고 합니다. 여러분은 어떨 것 같나요? 그럼 아바타를 만들어서 한번 시작해보도록 합시다.

안 씻은 지 1일차

아바타가 몸을 씻지 않고 1일이 지났습니다. 아직까지는 크게 달라진 것을 느끼지 못하는 것 같습니다. 머리카락이 지방 때문에 약간 윤기 있어 보이긴 하는데 불편하진 않은 것 같습니다.

안 씻은 지 2~5일차

아바타가 샤워를 하지 않은 지 2일이 되었습니다. 체취가 좀 더 강해지고 머리카락이 번쩍이네요. 빗으로 머리를 넘기는데 마치 젤을 바른 것처럼 머리카락이 고정됩니다. 지방이 많이 쌓여서 그런 것 같네요. 얼굴에도 기름기가 가득합니다. 3일째가 되자 몸에서 냄새가 더 나기 시작합니다. 박테리아가 땀에 묻어 있는 여러 각질과 성분을 먹이로 활동하면서 내뿜은 배설물들이 쌓였기 때문입니다. 안 씻은 지 5일쯤 지나면서부터 남들뿐 아니라 자기 자신도 본인의 냄새에 거부감을 느끼기 시작하는 것 같습니다.

안 씻은 지 10~20일차

아바타가 샤워를 하지 않은 지 10일이 지났습니다. 아바타는 자고 일어나서 빗질을 하고 있습니다. 그런데 기름기로 너무 떡져서 잘 빗어지지 않네요. 중간에 뚝뚝 가로막힙니다. 너무 세게 빗질을 하다가 머리카락이 빠지네요. 어, 그런데 아바타의 얼굴을 자세히 보니 울긋불긋합니다. 볼과 이마에 여드름이 나고 있네요. 간지럽다고 이곳저곳 긁어서 그런지 온몸에 염증반응도 보이는 것 같습니다. 몸에서 나는 냄새는 점점 심해지고 있습니다.

씻지 않은 지 한 달이 지나고 더 이상 참을 수 없는 아바타는 화장실로 달려가 샤워기를 틀고 물을 적십니다. 아직 물로만 씻었는데 온몸의 피부가 반들반들해지고, 개운해진 느낌입니다. 그러나 냄새는 여전히 나고 있기 때문에 보디워시와 샴푸로 몸과 머리를 씻어냈습니다.

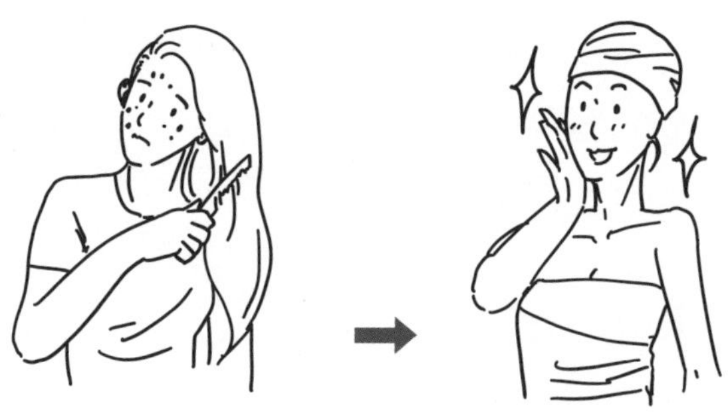

아바타는 씻고 나와서 곰곰이 생각합니다. 과거에 매일 샤워했을 때와 한 달 만에 샤워를 한 지금을 비교해보니, 지금이 더 건강해 보이고 몸의 피부도 더 좋아진 것입니다. 이유가 뭘까요?

사실 샤워를 많이 하면 많이 할수록 우리 몸의 피부 상태는 나빠집니다. 매일 샤워를 하면 우리 몸이 스스로 만들어내는 피부의 천연 지방층이 씻겨 나가기 때문입니다. 건조해지는 것이지요. 또한 우리 피부의 제일 바깥층은 죽은 세포인 각질들로 덮여 있습니다. 이것들이 안쪽의 피부층을 보호하는데, 샤워하면서 사용하는 비누나 보디 클렌저, 샴푸 등은 기름기와 먼지, 각질, 박테리아 등을 모조리 씻어냅니다. 이 때문에 머리의 경우 두피에 있는 각질이 눈에 띄게 탈락하면 비듬이 생길 확률이 높아지죠. 이런 내용만 살펴봤을 때는 안 씻으면 안 씻을수록 좋을 것 같습니다. 그럼 정말로 최대한 씻지 말아야 하는 것일까요?

아닙니다! 우리 몸의 피해를 최소화하면서 깨끗한 몸을 유지할 수 있는 샤워를 하면 됩니다. 어떻게 하냐고요? 우선 샤워를 최대한 빨리 끝내야 합니다. 20분, 30분, 1시간 이렇게 하면 안 됩니다. 몸에 물을 오래 적시고 있으면 피부층에 있는 유분들이 모두 사라져 건조해지기 때문입니다. 너무 차갑지도 너무 뜨겁지도 않은 미지근한 물로 몸을 헹궈내야 합니다.

이어서 겨드랑이와 사타구니처럼 땀이 자주 차는 곳, 특히 털이 많은 곳이라면 보디 클렌저 등으로 씻어내야 합니다. 왜냐하면 우리가 온종일 생활하면서 나온 땀이 털에 흡수되면 그곳에 박테리아가 많이 증식하는데, 이 박테리아는 땀에 섞인 물질들을 먹으면서 배설물을 내보내기 때문입니다. 우리가 땀을 흘렸을 때 나는 냄새가 바로 이 박테리아들의 배설물이 쌓여서 생기는 것입니다.

그렇다고 우리 피부에 안 좋은 균들만 있는 것은 아닙니다. 피부에 좋은 역할을 하는 균들도 많습니다. 좋은 균과 나쁜 균이 서로 균형을 유지해야 아주 건강한 피부를 유지할 수 있죠. 마치 우리 장기 중 대장에 있는 온갖 세균과 유산균이 균형을 이룰 때 건강한 대변 활동으로 이어지는 것처럼 말이죠. 그래서 땀이 많이 차는 곳, 털이 많이 있는 곳 외에는 물로만 헹구는 것이 좋습니다. 물론 병원에서 일해서 위생이 중요하다거나, 먼지가 많은 현장에서 일한다거나 혹은 운동을 해서 땀이 많이 난다면 매일 샤워하는 것이 좋을 것입니다. 또 밖을 돌아다닐 때 먼지와 가장 많이 마주치는 부분이 손과 얼굴 피부이기 때문에 이 둘은 매일 전용 클렌징으로 씻어주는 것이 좋습니다. 미세먼지와 초미세먼지가 얼굴의 모공을 막고 염증반응을 일으키기도 하고, 손은 여러분 모두가 알다시피 일상에서 마주치는 거의 모든 물건들을 만지기 때문에 더러우니까요. 그래서 이 둘은 꼭 깨끗이 씻어야 합니다.

자, 앞서 나온 이야기대로 샤워를 하고 나왔다면 물기를 완전히 말리지 말고 적당히 말린 뒤에 보디로션과 스킨로션을 바르면서 자연건조하는 것이 좋습니다. 그리고 머리카락에는 에센스를 바로 바르는 것이 좋습니다. 이제 직접 한번 실험해보세요. 몸의 피부가 더 좋게 변하는지 직접 확인해봅시다.

#03

만약 땀 냄새로 나에게 맞는 이성을 찾을 수 있다면?

처음 본 사람에게 호감을 느껴보신 적이 있나요? 몇 번 대화하지도 않았는데, 마음이 이미 이끌려 상대에게 호감을 갖게 될 때가 있죠. 그럴 때 우리는 묘한 케미(화학반응이란 뜻이지만 사람 사이에 호흡과 궁합이 좋을 때도 쓰이는 말)를 느낍니다. 그런데 케미란 어떤 걸까요? 썸(연인이 되기 전 가까이 지내는 관계)을 타는 데는 특별한 조건이 있는 걸까요? 여기 케미나 썸처럼 커플이 맺어지는 방법을 연구한 실험이 있어 소개합니다. 여성이든 남성이든 '상대가 나와 딱 맞을 것이다'라는 것을 알 수 있는, '땀에 젖은 티셔츠 실험'입니다.

스위스의 과학자 베데킨트 클라우스(Wedekind Claus)와 제베크 토머스(Seebek Thomas)는 사람이 사랑에 빠지는 이유를 증명하고자 한 가지 실험을 진행했습니다. 동물학 전공이었던 클라우스가 인간관계를 생물학적인 방법으로 증명하려고 시작한 실험입니다. 우선 실험에 참가한 남성들에게 1~2일간 하나의 티셔츠만 입게 하고 샤워를 하지 못하게 했으며 향수, 데오드란트 등 냄새를 가리는 용품들을 사용하지 못하게 했습니다. 그리고 나서 실험에 참가한 남성들의 체취가 묻은 티셔츠 40여 벌을 수거한 다음 실험에 참가한 여성들에게 제공하고 냄새를 맡게 했습니다. 여성들은 어떤 반응을 보였을까요? 기겁을 했을까요?

놀랍게도 일부 여성들이 몇몇 남성의 체취가 묻은 티셔츠의 냄새를 좋아했습니다. 혹시 땀 냄새 페티시가 있는 건 아닐까 했지만 그 원인이 밝혀졌습니다. 바로 면역반응을 조절하는 항원 복합체(MHC 유전자) 때문이었습니다. 만약 두 사람이 만났을 때 MHC 유전자 정보가 서로 많이 다르다면 둘은 본능적으로 서로에게 끌리게 됩니다. 최대한 정보가 다른 유전자가 서로 만나야 이들의 자손이 더 많은 질병에 대항할 수 있는 능력을 가지고 태어나기 때문입니다.

이런 실험을 따라해 미국에서는 셔츠 냄새를 맡아 데이트 상대를 구하는 '페로몬 파티'가 생겨나고 있습니다. 3일간 같은 옷을 입고 일상을 보낸 뒤 이 옷을 비닐팩에 담아 냉장고에 보관합니다. 그리고 행사 날 파티 주최측에 전해줍니다. 이후 파티 참석자들은 티셔츠 냄새를 맡은 뒤 선호하는 냄새가 나는 옷의 주인을 만나 파티를 즐기는 방식입니다. 아주 생물학적인 소개팅이네요.

이런 현상은 춤을 출 때도 나타납니다. 두 사람이 춤을 추기 시작하면 알게 모르게 땀이 나오는데 이때, 만약 서로의 유전적 차이가 크다면 이 땀 냄새는 서로의 호흡과 맥박 수를 증가시키고 성적 유혹에도 관여하게 됩니다. 대부분의 댄스 의상이 겨드랑이를 터놓고 가슴과 목덜미 부분을 깊이 파놓은 것도 서로의 땀 냄새를 더 잘 맡게 하려는 이유입니다.

과학자들은 이 땀에서 나오는 물질이 페로몬일 것으로 추정하고 있습니다. 시중에도 페로몬을 첨가하여 만들었다는 향수들이 넘쳐나지만 사실 인간에게 진짜 페로몬이 있는지, 페로몬을 감지하는 신경이 있는지는 아직 완벽하게 입증된 것이 없습니다. 계속 연구 결과가 엎치락뒤치락하고 있는 상황이죠. 하지만 땀 속의 무언가가 인간의 후각에 긍정적인 작용을 하고 있는 것은 틀림없는 것 같네요.

여러분들은 평소에 주변에서 마음에 드는, 끌리는 체취를 가진 사람을 만나보신 적 없나요? 있다면 그 사람은 여러분의 연인이 될 수도 있다는 신호입니다. 물론 체취만 놓고 봤을 때는 동성의 체취가 끌릴 수도 있습니다.

요즘 과학, 더 생생히 즐기자!

여자친구가 좋아할 냄새?

#04

만약 자위 후 현자 타임을 겪지 않으려면?

※ 주의

- 성(性)과 관련된 신조어가 나오지만 19세 관람 불가는 아닙니다.

여러분들은 어질고 총명하여 성인에 다음가는 사람, 즉 '현자'가 되는 시간을 가져본 적 있으신가요? 아 매일 가지신다고요? 괜찮습니다. 매일 가지셔도 되고 2~3일에 한 번씩 가지셔도 상관없습니다. 현자의 시간은 지극히 정상인 시간입니다.

최근 자위나 성교 후 오르가슴을 겪은 뒤에 급격히 현실 세계로 돌아오는 느낌을 뜻하는 '현자 타임'이라는 신조어가 생겼는데요. 이 말의 어원은 어디에서 시작되었을까요? 사실 이 말은 일본에서 가장 먼저 생긴 신조어라고 합니다. 그렇다면 한국과 일본에만 있는 표현일까요? 아닙니다. 미국에서는 이것을 PCT(Post-coital Tristesse)라고 부릅니다. 직역하면 성교 후 슬픔이죠.

그렇다면 여러 가지로 오르가슴을 느낀 후 성감이나 성욕이 급격하게 떨어지는 이 현상, 현자 타임은 왜 오는 것일까요? 누군가는 이 시간 동안 후회스러운 감정을 느끼기도 하고 심하면 우울해지는 사람도 있습니다. 일반적으로 남성이 많이 느끼지만 여성도 많이 경험하는 정상적인 현상인데, 이 모든 건 바로 호르몬 때문입니다. 남성 또는 여성이 혼자 또는 함께 절정에 다다르고 나면 우리 몸에서는 노르에피네프린, 세로토닌, 도파민, 엔도르핀, 프로락틴, 옥시토신 등의 여러 호르몬을 분출하는데요. 이 중에서 프로락틴과 옥시토신이 평소와 달리 많이 분출되면서 현자 타임이 오게 됩니다.

정확한 메커니즘은 밝혀지지 않았지만, 동물 실험에서는 프로락틴을 투여했더니 동물들이 잠을 자기 시작했다고 합니다. 사람이 프로락틴을 억제제를 먹었을 때는 사정을 한 뒤에도 성교 후 슬픔이 생기지 않았다는 결과도 있습니다.

또 남성의 경우 절정에 다다른 후 분비된 옥시토신에 의해 사회적 유대감과 이타심 그리고 신에 대한 의식과 종교성이 높아졌다는 놀라운 연구 결과도 있습니다. 미국 노스캐롤라이나주에 있는 듀크대학교 연구진이 옥시토신 분비 약을 피실험자에게 먹였더니,

"영적인 문제는 생활에서 중요하다", "모든 생명체는 서로 연결돼 있다", "모든 인간을 함께 묶는 더 높은 차원의 의식과 영적 존재가 있

다"라는 내용에 피실험자들이 매우 공감했다고 합니다.

또 영국 웨일스 카디프대학과 미국 에모리대학의 연구에서는 옥시토신이 다른 사람의 감정을 이해하는 공감능력과 부성애를 높여 준다는 결과도 있습니다.

이런 연구들을 생각해보니 어쩌면 우리 인간에겐 진화 과정에서 에너지 소모가 큰 번식 행위를 한 후 연속으로 또 하지 않게 하려는 생존 본능이 생긴 것은 아닐까요? 서로에게 공감하는 시간을 가지며 관계를 더욱 돈독하게 만들기 위한 본능이 아닐까 싶습니다.

요즘 과학, 더 생생히 즐기자!

오르가슴 후, 왜 이런 기분이?

매일, 내 주변에는 궁금한 게 널려 있어

일상에 던지는 뜬금없지만 똑똑한 질문

WHY

내일 태양이 꺼지면 어떻게 될까?

태양은 불타오르고 있습니다. 아침에 일어나면 창밖으로 따뜻한 햇빛이 들어옵니다. 밤이 되면 지구 반대편으로 태양이 숨지만 꺼진 것은 아닙니다. 계속해서 불타오르고 있죠. 이 태양은 지구 생명체가 살아갈 수 있게 해주는 필수 요소 중 하나입니다. 이런 태양이 내일부터 식기 시작하면 어떻게 될까요? 태양이 식어가면 빛과 열이 점점 줄어들 텐데, 과연 인류는 태양을 다시 살릴 수 있을까요?

이 의문을 주제로 한 영화가 있습니다. 바로 영화 〈선샤인〉입니다. 2057년에 태양이 식기 시작하는 내용을 다루고 있습니다. 일반적인 SF 영화와는 달리 〈선샤인〉에서는 태양이 죽어가는 것에 대한 과학적인 이유를 알려주지 않습니다. 확실한 것을 좋아하는 관객들에게는 문제가 되죠. 이 영화의 과학 고문이었던 브라이언 콕스 박사는 큐볼(Q-ball)이라 불리는, 빅뱅 직후 생성된 초대칭 입자들로 만들어진 핵이 점점 일반물질화가 되면서 태양이 식어간다고 했습니다. 아직은 이론이지만 큐볼은 현재 암흑물질(dark matter) 중 하나일 것으로 추정되고 있죠.

여기서 일반물질이란 동물, 식물, 돌, 바다, 지구, 우주 등 우리를 구성하는 물질을 말합니다. 보통 원자로 이루어져 있죠. 원자핵은 다시 양성자와 중성자로 나뉘고, 양성자와 중성자는 다시 쿼크로 나뉩니다.

암흑물질은 우주에 널리 분포하는 물질로서 전자기파 즉, 빛과 상호작용하지 않으면서 질량을 가지는 물질입니다. 빛과 상호작용하지 않다 보니 우리 눈에는 보이지 않는 것이죠. 암흑물질이 존재하는 곳에서는 중력에 의한 일반상대성이론 효과 때문에 주변의 항성이나 은하의 운동이 교란되기도 하고, 빛이 휘어지기도 합니다. 후보 물질로는 WIMP, 액시온, 비활성 중성미자, 블랙홀 등이 있습니다.

아직까지 발견되지 않은 물질이지만 영화에서는 큐볼이라는 암흑물질이 실제로 존재한다는 가정하에 스토리를 진행해나갑니다. 영화에서 과학자들은 큐볼을 태양에서 재생성하면 태양이 다시 살아난다고 판단했습니다. 큐볼은 빅뱅 직후 만들어졌으니, 빅뱅 때와 같이 초고온 상태를 만들면 큐볼이 생성될 것이라고 생각한 것이죠. 그래서 전 세계의 국가들이 지구상의 모든 우라늄을 모아 초거대 핵폭탄을 만들고 우주선에 연결한 뒤 태양으로 보냅니다.

그럼 현실에서도 태양은 수명이 다하면 영화처럼 천천히 식어가는 것일까요? 아닙니다. 조금은 다릅니다.

태양은 죽어가면서 서서히 부풀어 오른다?

태양은 촛불이 불타거나 캠프파이어를 하는 것과는 다릅니다. 촛불이나 캠프파이어 같은 불은, 불이 붙는 온도인 발화점이 될 때까지 가열을 하고 산소를 이용해 '연소'를 합니다. 그러나 태양은 연소를 하며 불타지 않습니다.

태양은 수소 90%, 헬륨 9%, 1%의 탄소, 질소, 규소, 철과 같은 원소로 이루어져 있습니다. 특히 수소는 경수소*, 중수소**, 삼중수소*** 이 삼형제가 분포되어 있는데, 이 중 경수소 원자 4개가 가장 활발하게 융합하면서 헬륨원자 1개가 만들어집니다. 이것을 수소 핵융합이라고 하며, 이때 반응하면서 줄어든 질량은 그만큼의 에너지로 전환되어 방출하면서 불타오릅니다.

지금까지는 태양 자체의 중력과 수소 핵융합으로 팽창하는 힘의 크기가 비슷하기 때문에 태양의 크기가 커지지도, 작아지지도 않은

---

* 질량수가 1인 수소의 동위 원소. 경수소의 원자핵은 중성자는 함유하지 않고 양성자 1개를 핵으로 가지는 수소. 프로튬(protium)이라고 부름.

** 질량수가 2인 수소의 동위원소(원자번호는 같지만 질량수가 다른 원소). 양성자 1개와 중성자 1개로 이루어진 중양성자를 원자핵으로 가지는 원소(heavy hydrogen).

*** 양성자 1개와 중성자 2개로 이루어진 핵을 가지는 수소. 트리튬(tritium)이라 부름.

채 유지되고 있습니다. 하지만 계속된 수소 핵융합으로 수소를 다 쓰고 나면 더 이상 에너지를 방출할 수 없고, 팽창하는 힘도 없어지게 됩니다. 반면에 태양의 강력한 중력은 남아 있기 때문에 태양은 결국 급격하게 수축하게 됩니다. 태양이 엄청 작아지는 것입니다. 이렇게 태양이 수축하게 되면 중심부 온도가 급격히 올라가게 되는데, 이때 이전에 수소 핵융합으로 만들어진 부산물인 헬륨이 핵융합 반응을 시작합니다. 이 헬륨 핵융합으로 발생되는 에너지와 팽창은 엄청 강

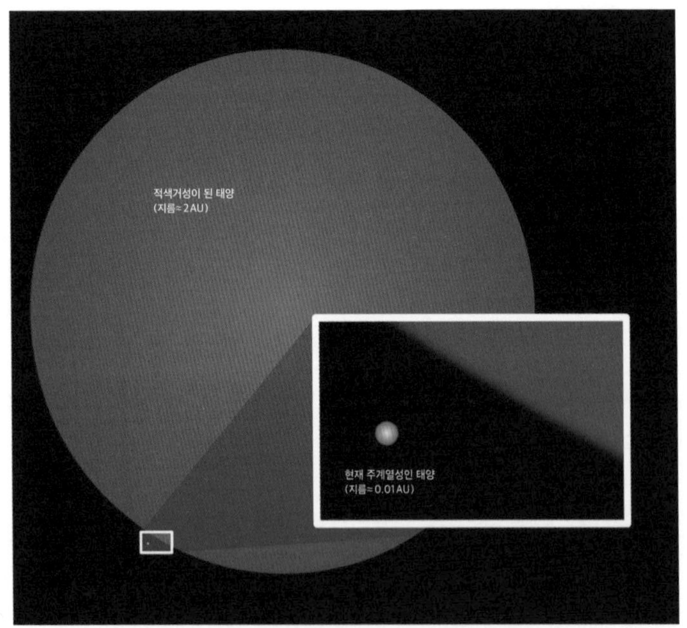

현재 주계열성인 태양의 크기와 미래에 적색거성이 된 태양의 최대 크기 비교
(AU는 태양과 지구의 평균 거리를 뜻하는 천문거리다) © Oonä Raisänen

력합니다. 그래서 태양은 다시 점점 커지게 됩니다. 그리고 붉은 빛을 띠기 시작하죠. 이것을 적색거성이라고 부릅니다.

현재 나이가 약 45억 6,700만 세인 태양은 앞으로 48억 년 동안 핵융합을 합니다. 수명이 다해가는 태양의 미래와 지구에 미칠 영향을 요약해보았습니다.

현재 태양(45억 6,700만 세) : 표면 온도 5,504도, 지름 139만 km.

약 5억 년 뒤 태양 : 광도와 표면 온도가 점점 높아지기 시작.

약 10억 년 뒤 태양 : 광도 10% 증가. 지구 평균 온도 47~55도. 해수면 60m 상승. 도시 기능 마비. 인류 활동 불가

약 40억 년 뒤 태양 : 표면 온도 5,574도, 지구 평균 온도 500도. 지구 생명체 99% 종말.

약 60억 년 뒤 태양 : 표면 온도 감소하며 팽창 시작(적색거성화), 지름 약 2억 2천 만 km, 지구 평균 온도 1,300도. 지구 대기 증발.

약 80억 년 뒤 : 태양은 지구를 삼킴. 지구 종말.

태양이 죽는다는 말은 전등을 끄듯이 태양이 탁 꺼진다는 것이 아니라 서서히 부풀어 오르면서 점점 뜨거워지는 적색거성이 된다는 뜻입니다. 우리 인류가 태양을 살리려면 태양 중심부에 수소 삼형제를 대량으로 주입해야 하는데, 좀 무리인 것 같습니다. 그런데 가만히 생

각해보니 애초에 살릴 필요가 없는 것도 같습니다. 당장 2020년부터 스페이스X에서 화성 이주 프로젝트를 시작한다는데, 수백 년만 지나도 인류는 태양계를 벗어나서 생활하지 않을까요?

수명이 다해서 점점 커질 때 지구를 이동시키자?

일단 이 시나리오는 10억 년 후 인류가 다른 행성으로 이주한 뒤에도 지구를 버리지 않고 여전히 살고 있다는 가정하에 시작됩니다. 수소 핵융합을 하면서 불타오르고 있는 태양은 시간이 흐를수록 점점 더 커지고 점점 더 밝아집니다. 밝아지는 만큼 더 뜨거워지죠. 그래서 앞으로 10억 년 뒤면 지금보다 11% 더 밝아집니다. 이렇게 되면 지구의 바닷물, 강물, 호수는 점점 증발하기 시작하고 수증기는 대기 상공에서 수소와 산소로 해리됩니다. 결국 지구상의 물들은 다 증발할 것이고 대기는 습기로 가득해지겠죠. 다시 말해, 지구의 지상 생물권에 대재앙이 닥칩니다. 그래서 몇몇 과학자들은 만약 그때까지도 인간이 지구를 버리지 않고 사용할 거라면 태양의 열기가 강해지는 것에 비례해서 지구 궤도를 지금보다 태양에서 멀어지도록 바꾸자는 아이디어를 냈습니다. 무슨 엉뚱한 소리인가 싶지만 인류를 위한 연구 중 하나로서 진지하게 논의되었습니다.

어떻게 할 것이냐! 과학자들은 스윙바이(swing by)를 하기로 했습니다. 행성의 중력과 공전 속도를 이용해 탐사선의 속도를 바꾸는 방법이죠. 연료를 최대한 아끼면서 탐사선의 속도를 바꿀 수 있는 똑똑한 방법입니다. 그렇다면 스윙바이는 구체적으로 어떻게 하는 것일까요?

먼저 태양계 끝을 향해 나아가는 행성 탐사선을 예로 들어 보겠습니다. 탐사선이 스페이스X에서 만든 팔콘 헤비 발사체를 이용해 지구 탈출 속도 11.2km/s를 가뿐히 넘겨서 지구 궤도를 벗어났다고 칩시다. 그런데 이 속도로는 태양계 끝으로 보내기 힘듭니다. 왜냐하면 태양의 중력이 있기 때문이죠. 지구를 떠나 우주 공간으로 나아가면 태

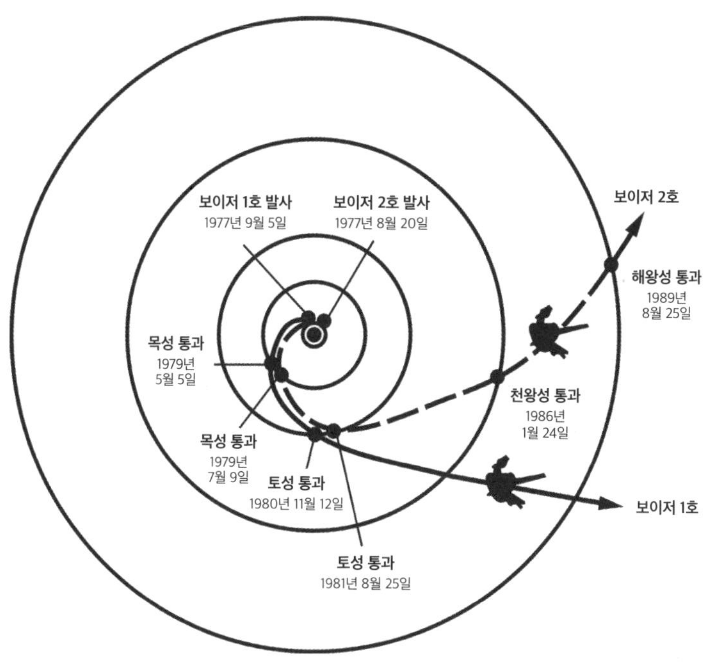

보이저 1호, 2호의 스윙바이 궤적 © NASA_JPL

양의 중력이 작용합니다.

만약 탐사선의 속도가 지구 탈출 속도인 11.2km/s에 머무르게 되면, 태양을 기준으로 어느 한 지점에서 공전하는 인공위성이 되는 것입니다. 이런 상황이 발생하지 않고 태양계 끝까지 다다르려면 궁극적으로 태양 탈출 속도인 42.1km/s에 도달해야 합니다. 그러나 문제는 현재 인류의 로켓 기술로는 그 속도에 도달할 수 없다는 것이죠. 그래서 탐사선을 먼저 화성으로 향하게 합니다(보통은 목성으로 바로 보냅니다).

화성에 근접하면 탐사선은 화성의 중력에 이끌립니다. 이때 탐사선을 화성 공전 궤도 뒤쪽으로 쌍곡선 궤적을 그리면서 보내면 잠깐 동안 화성과 같이 공전하면서 화성 공전 속도의 일부를 얻게 됩니다. 이렇게 어느 정도 가속했으면 연료를 사용해 탐사선의 방향을 바꾼 뒤 화성 궤도를 벗어납니다. 그리고는 다음 행성이 있는 곳으로 날아가 스윙바이를 반복합니다. 점점 탐사선은 가속되고 이렇게 태양계 끝까지 날아가는 시간을 단축할 수 있겠죠(그림 1).

마치 B라는 아이가 빠르게 달리고 있는 A에게 근접했는데 A 친구가 B의 팔을 잡고 끌어당긴 다음 앞으로 밀어주는 것과 같습니다. 보이저 1호, 보이저 2호 그리고 지구에서 아주 멀리 여행 중인 수많은 탐사선들이 우주 공간에서 빠르게 이동하기 위해서 같은 방법을 사용했습니다.

반대로 탐사선을 화성이 공전하는 방향 앞쪽으로 보내 화성 공전

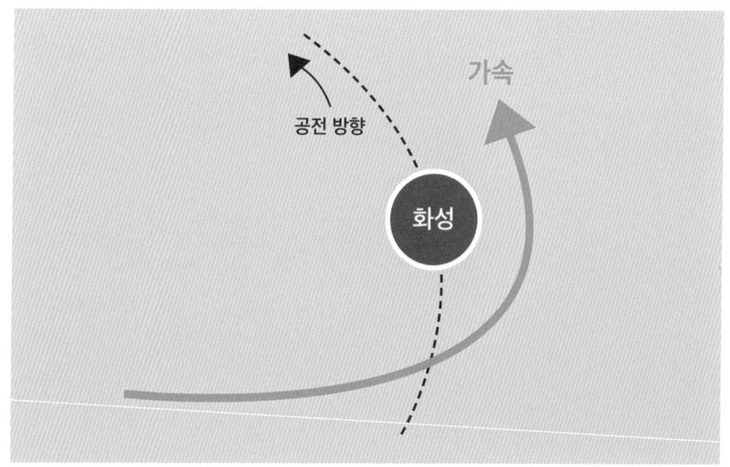

스윙바이 가속 장면 (그림 1)

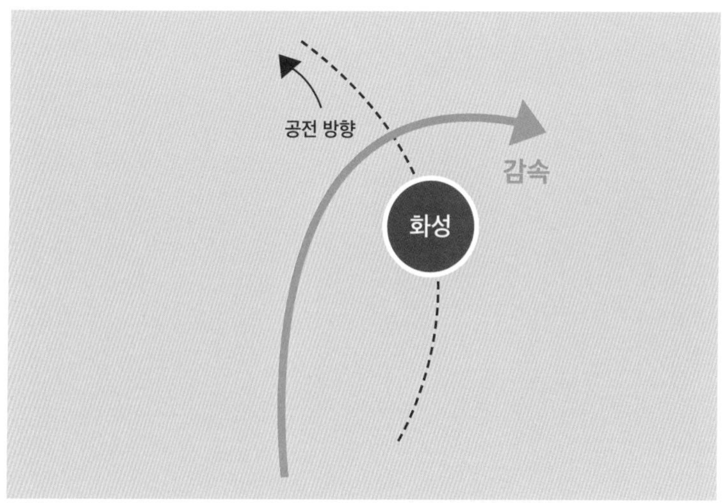

스윙바이 감속 장면 (그림 2)

방향과 어긋나게 날아가게 만들면 속도가 감소합니다(그림 2).

과학자들은 이런 원리를 이용하기 위해 지구에 근접하는 거대 소행성 혹은 카이퍼 벨트(해왕성 궤도 바깥에 천체들이 도넛 모양으로 밀집해 있는 영역)의 수많은 거대 소행성에 로켓 엔진을 부착해서 지구로 가져옵니다. 이렇게 하면 소행성의 중력과 공전 때문에 지구의 궤도가 변하기 시작하죠. 이 소행성들의 공전 방향을 우리가 조종하면서 지구를 점점 이동시키는 것입니다. 그런데 문제는 지구의 위성인 달도 이 소행성에 영향을 받을 것이라는 점입니다. 그렇게 되면 해수면 높이나 조수간만의 차가 달라질 수 있겠죠. 또한 지구 자전에도 영향을 미칠 것입니다.

만약 소행성의 영향으로 지구 자전이 멈추거나 느려지면 어떤 상황이 발생할까요? 지구는 자기장을 제대로 만들 수 없게 됩니다. 그렇게 되면 대기에서 태양풍도, 우주 방사선도 막지 못할 것입니다. GPS도 작동하지 않을 것이고 지구 자기장을 이용해서 이동하는 조류(새)들도 제대로 움직이지 못할 것입니다. 또한 해류도 바뀌겠죠. 결국 기후와 생태계가 미쳐버릴 것입니다. 인류는 개미처럼 지하 아주 깊숙이 지하 도시를 만들어 생활해야 할 것 같네요.

거기다 지구도 자체 중력이 있기 때문에 지구가 이동하면 화성과 금성도 영향을 받습니다. 이 행성들의 공전 궤도와 자전에도 영향을 주겠죠. 태양계의 시스템이 무너집니다. 차라리 10억 년 안에 어디든 갈 수 있는 거대한 인공행성을 만드는 건 어떨까요? 뭐 물론 태양의 수명이 다해가고 있으니 지구만 살릴 수 있다면 다른 행성들은 어떻게 되든 상관없겠죠.

요즘 과학, 더 생생히 즐기자!

태양의 수명이 다하면?

공기저항이 없어지면 어떻게 될까?

제가 초등학교 3학년 때까지 운항하던 여객기가 있습니다. 소리의 속도보다 빠르게 날아가는 초음속 여객기, 콩코드입니다. 1969년에 개발이 완료되고 1976년부터 뉴욕에서 파리를 초음속으로 3시간 30분 만에 갔습니다. 반면 현재 우리가 이용하는 여객기들은 뉴욕에서 파리까지 7시간이 소요됩니다. 그런데 이렇게 빠르게 대륙을 이동하던 콩코드 여객기는 27년 만인 2003년에 운항을 중지했습니다. 어마어마한 소음과 어마어마한 공기저항 때문이었는데요. 도대체 공기저항이 뭐길래 이 엄청나게 빠르게 날아가는 콩코드 여객기의 운항을 중지하게 만들었을까요?

공기저항에는 2가지 유형이 있습니다. 하나는 물체가 저속으로 이

놀라운 속도의 콩코드 여객기 © Henrysalome

동할 때의 공기저항, 또 하나는 물체가 고속으로 이동할 때의 공기저항입니다.

먼저 물체가 저속으로 이동할 때는 공기가 일정하게 흐르는 층류를 유지합니다. 대신 공기의 점성 때문에 저항이 생기고, 이것을 우리는 마찰저항 또는 점성저항이라 부릅니다.

한편 물체가 고속으로 이동할 때는 물체 뒤로 공기가 소용돌이치기 시작하면서 강력한 저항이 발생합니다. 이때는 물체가 공기와 부딪히면서 생기는 힘을 받기 시작하죠. 이것을 우리는 관성저항이라고 부릅니다.

비행기를 방해하는 공기저항

콩코드 여객기는 빠르다 못해 소리보다 빠른 속도인 초음속으로 날

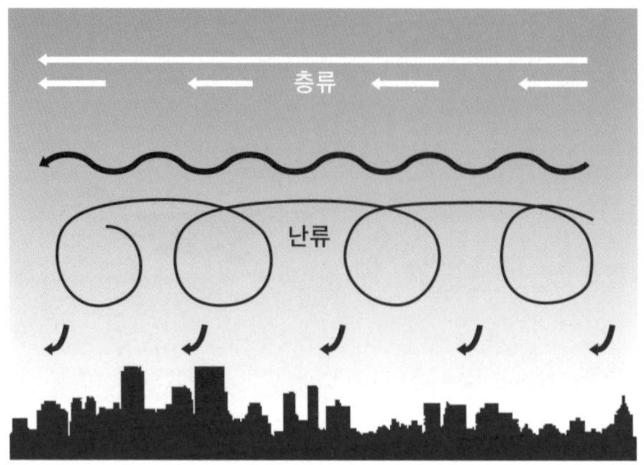

공기가 일정하게 흐르는 층류와
불규칙하게 흐르는 난류의 모습

기 때문에 엄청난 관성저항을 받았습니다. 그래서 연료는 더 많이 사용되었습니다. 특히 초음속으로 날면 발생하는 소닉붐* 때문에 소음도 엄청 컸습니다. 간혹 전투기가 지나갈 때 '쾅' 하고 폭발하는 소리가 들리는데 이것이 소닉붐입니다.

하지만 콩코드 여객기가 보여준 이동 시간의 단축은 정말 유용했기 때문에 현재 NASA나 보잉, 록히드 마틴 등 잘나가는 비행기 회사들은 초음속으로 날면서도 소닉붐과 공기저항을 최소화할 수 있는 여객기를 개발하고 있습니다. 이름하여 'X 플레인'입니다. 록히드 마틴은 어느 정도 개발이 완료되었는지 2021년부터 X-59라고 부르는 항

* 항공기가 음속을 돌파할 때 발생하는 폭발음

공기로 소닉붐이 거의 발생하지 않는 초음속 비행기 테스트를 진행한다고 합니다. 17km 고도에서 약 1500km/h 속도로 날아간다고 하는데 개발이 완료되면 서울에서 제주까지 아니 서울에서 일본까지 10분 만에 갈 수 있을 것 같네요.

과거 항공 기술의 집약체였던 콩코드 여객기는 운행을 중지했지만 인간은 공기저항을 최소화하기 위한 답을 이렇게 또 찾아가고 있는 것 같습니다. 공기저항의 역할이 도대체 뭐길래 이렇게 애를 먹이는 걸까요?

공기저항이 없다면 우리의 일상은?

만약 지구에 공기저항이 없다면 우리 삶은 어떻게 달라질까요? 우선 당장에 비구름이라도 몰려오는 날이면 우리의 이불 밖은 위험한 상황이 됩니다. 빗방울부터 우리를 위협할 테니까요. 왜일까요?

공기저항이 있는 현실 지구에서 비구름인 난층운은 약 1~3km 높이에 위치해 있으며, 이 난층운에서 떨어지는 빗방울의 속도는 약 32km/h입니다. 그런데 공기저항이 없는 지구에서는 중력가속도 때문에 빗방울이 지면에 닿을 때의 속도가 500km/h를 넘게 됩니다. 아무리 빗방울이 액체이고 극소량이라고 하지만 KTX보다 빠른 속도로 내리는 비를 맞으면 아플 것 같습니다. BB탄 총알 맞는 느낌이랄까요? (최종 속도 공식 = √(루트) (2×중력가속도×낙하 거리))

이뿐만이 아닙니다. 우주로 나간 러시아 우주왕복선 소유즈는 지구로 복귀할 때 대기권을 통과한 뒤에 낙하산을 펼치는데, 만약 공기저항이 없다면 그대로 땅에 처박혀 터져버릴 것입니다. (그러니 빨리 스페이스X에서 낙하산 아닌 로켓 점화 방식으로 착륙하는 우주왕복선을 만들길 바랍니다.)

공기저항이 없어지면 스카이다이빙 역시 더 이상 즐길 수 없게 됩

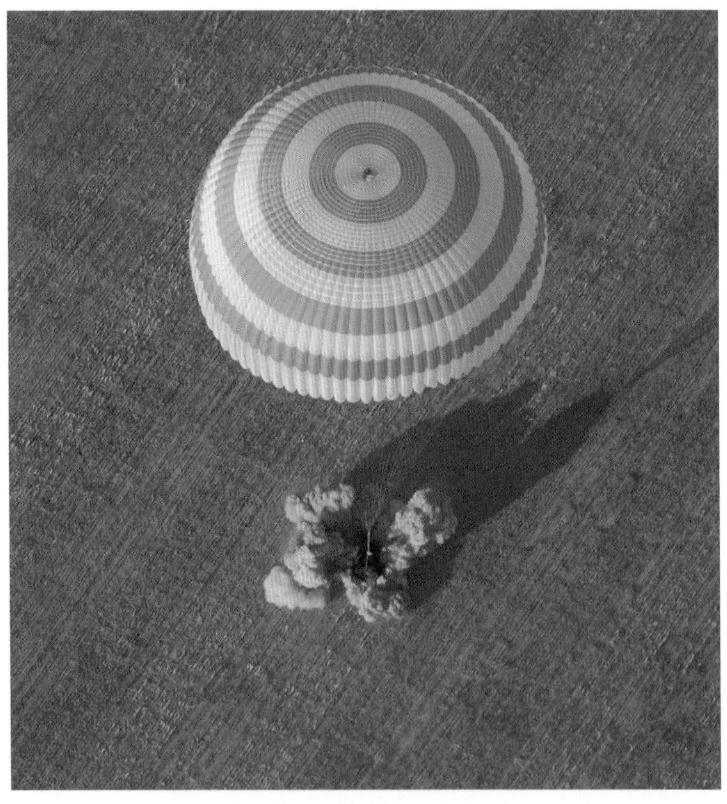

카자흐스탄의 어느 밭에 떨어진 소유즈 귀환선 © NASA / Carla Cioffi

니다. 공기저항이 있는 현실 지구에서 사람이 자유낙하를 하면 약 200km/h 속도에 도달하고 유지되는데, 이때의 속도를 종단속도(저항을 만들어내는 유체 속을 낙하하는 물체가 최종적으로 도달하는 속도)라고 부릅니다. 그리고 낙하산을 펴면 약 10~18km/h 속도를 유지하면서 땅에 떨어지게 되죠. 좀 빠르긴 하지만 200km/h에 비해 안전하게 착륙할 수 있습니다. 그러나 공기저항이 없는 지구에서 자유낙하를 하면 속도는 200km/h를 넘어 계속 빨라지고 낙하산도 의미 없게 됩니다. 결과는 처참하죠. 아주 잘 익은 홍시가 나무에서 떨어지면 어떻게 되는지 생각해보면 될 것 같습니다.

무엇보다 공기저항이 있기에 음력 설부터 정월대보름까지 수많은 사람들이 민속놀이인 연날리기를 즐길 수 있었습니다. 다시 한번 생각해보니 어쩌면 공기저항이 우리에게 고마운 부분이 많은 것 같습니다.

요즘 과학, 더 생생히 즐기자!

공기저항을 최소화해 초음속으로?

번외 편

개미는 그 어떤 높이에서 떨어져도 죽지 않는다?

혹시 어릴 때 놀이터에서 발견한 개미를 가지고 놀아본 기억이 있나요? 저는 해보진 않았습니다만 누군가는 개미를 공중으로 들어 올려 떨어트려본 적도 있을 겁니다. 그리고 놀랍게도 높은 곳에서 떨어진 개미가 죽지 않고 그냥 돌아다니는 광경을 보았을 겁니다. 도대체 어떻게 된 것일까요?

개미는 몸집이 아주 작습니다. 여왕개미와 특이한 종류의 개미를 제외하고는 몸길이가 1cm 정도 됩니다. 몸무게는 1g도 안 되죠. 인간의 경우 비행기에서 뛰어내리면 중력의 영향으로 아주 빠르게 떨어지다가 공기저항에 부딪히면서 약 200km/h 속도를 유지합니다. 하지만 같은 경우라 해도 개미는 아주 느린 속도로 떨어집니다. 너무나 가벼워서 중력보다 공기저항의 힘을 더 크게 받기 때문입니다. 느리게 떨어지므로 땅에 부딪혀도 피해가 거의 없습니다. 사실 개미는 잘 설계된 외골격을 가지고 있기 때문에 충격을 잘 분산시키는 것도 한몫하죠. 영화 〈앤트맨〉에서 앤트맨이 왜 비맨(Bee, 벌)이나 플라이맨(Fly, 파리)이 아닌, 개미를 타고 다니는 개미의 남자 앤트맨이 되었는지 알 수 있는 대목입니다.

비행기 날개는 사실 늘어났다 줄었다 한다고?

보잉 737-800 기준

저는 지금 인천 국제공항 제 1터미널에 와 있습니다. 홍콩으로 여행을 가려고 말이죠. 탑승 시간이 되어서 줄을 서고 티켓을 확인한 뒤 비행기 좌석에 앉았습니다. 운 좋게도 제 자리는 비행기 날개 바로 뒤쪽입니다. 창문 밖으로 공항 활주로를 구경하고 있는데 기장님이 비행 전 날개 테스트를 시작합니다. 여러분도 같이 상상해봅시다.

먼저 날개 뒤쪽으로 뭔가 길게 뻗어 나와 있는 것을 볼 수 있습니다. 우리는 이것을 플랩이라고 부릅니다. 이어서 날개 중앙에 있는 스포일러라고 부르는 것과 날개 끝쪽에 있는 에일러론이라고 부르는 것이 올라갔다 내려갑니다.

모든 점검은 끝이 났고 관제탑의 이륙 사인이 떨어졌습니다. 비행

비행기 안에서 보는 비행기 날개의 구조물

기가 달리기 시작합니다. 제가 타고 있는 이 비행기의 기종은 보잉 737로, 이륙에 필요한 속도는 대략 260~300km/h입니다. 그런데 만약에 보잉 737 날개가 그냥 일자로 평평하게 생겼다면 어떻게 될까요? 비행기는 활주로에서 제대로 이륙하지 못하고 추락하게 됩니다. 왜냐하면 날개 크기가 작아서 육중한 보잉 737을 공중에 띄울 만큼의 충분한 양력을 얻지 못하기 때문이죠. 그렇다고 날개를 크게 만들면 너무 무거워져서 날아오르지 못합니다. 그래서 우리 인류는 플랩이라는 것을 만들었습니다. 이륙 전에 날개 아래에 넣어둔 얇은 플랩을 아래로 펼쳐서 날개를 전체적으로 둥글게 구부러진 모양으로 만들고 양력을 최대로 높이는 것이죠.

그런데 이 플랩은 양날의 검이기도 합니다. 저속에서는 양력을 크게 만들어 쉽게 날아오르게 해주지만, 어느 정도 속도가 붙으면 비행

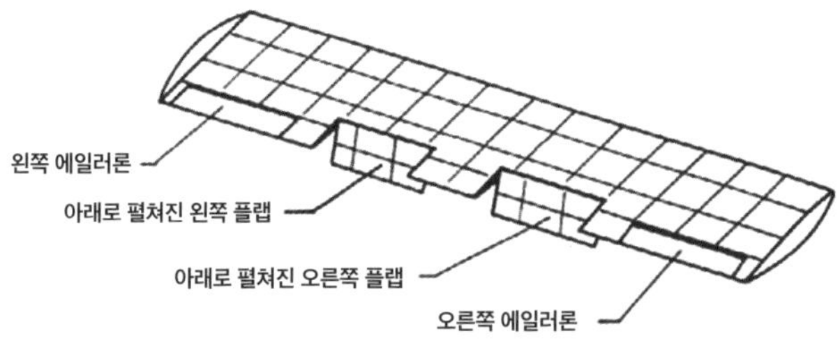

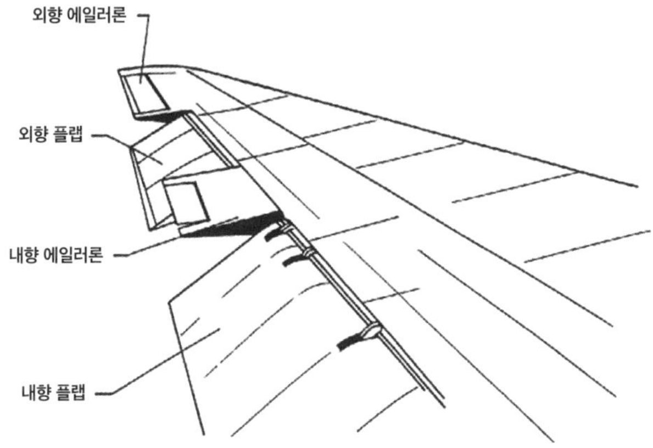

플랩 구조 © https://history.nasa.gov/SP-367/chapt2.htm

에 방해가 되기 때문입니다. 날개가 구부러진 탓에 앞에서 불어오는 바람을 막아 공기저항이 생기는 것이죠. 그래서 이륙에 성공하고 바퀴를 집어넣은 뒤에는 다시 플랩을 안으로 넣습니다.

"그러면 착륙 때 플랩을 다시 펼치면 저항이 커져서 쉽게 땅으로 내려오겠네요?"

네, 맞습니다. 공기저항을 일으켰다 없앴다 해서 비행기를 조종한다고 생각하시면 됩니다.

비행기가 착륙할 때 날개에서 무슨 일이 일어날까?

비행기를 타봤다면 상상을 한번 해봅시다. 착륙할 공항 근처에 도착하면 기장은 플랩을 아주 천천히 펼칩니다. 이로써 비행기는 속도를 낮추면서 필요한 양력을 얻고 천천히 고도를 낮출 수 있습니다. 하지만 전투기나 군용 수송기는 전투지역에 빠르게 착륙하기 위해서 플랩을 완전 아래로 꺾기도 합니다.

활주로에 착륙하기 직전에는 날개 끝쪽에 위치한 에일러론과 중앙에 위치한 스포일러가 들썩들썩하면서 비행기가 좌우로 흔들리지 않게 도와줍니다.

비행기가 착륙하려는 공항 인근에 도착하면 기장은 플랩을 천천히 꺼냅니다. 그리고 고도를 내리면서 플랩을 완전히 아래로 펼칩니다. 비행기의 바퀴가 땅에 닿는 순간 날개 중앙에 있는 스포일러가 최대 각도로 위로 꺾입니다. 공기저항을 크게 만들면서 속력을 줄이고 동시에 스포일러가 위로 올라가면서 비행기가 땅에서 튕겨 올라가지 않게 눌러주는 역할을 하게 됩니다. 공기가 스포일러에 부딪히면서 주날개를 짓누르게 되기 때문이죠.

그런데 여기서 또 한 가지 신기한 경험을 할 수 있을 겁니다. 비행기 바퀴가 땅에 닿고 날개의 스포일러가 위로 올라가는 순간, 갑자기 '쿠와와앙' 하는 굉음이 들리지 않던가요?

최대 각도로 위로 꺾이는 스포일러. 공기저항을 크게 만들어 속력을 줄인다.

처음에는 스포일러가 올라가면서 강한 바람의 저항 때문에 생기는 소음이라고 생각했는데 알고보니 엔진의 역추진 장치를 사용했기 때문에 나는 소리였습니다.

비행기는 착륙 후 속도를 줄이기 위해서 바퀴의 브레이크를 사용하고, 날개의 스포일러를 올려 공기저항을 만듭니다. 그러나 이것만으로는 거대한 비행기를 멈추기에 역부족이어서 엔진에 있는 역추진 장치를 사용합니다. 엔진 뒤쪽으로 분사되던 배출 가스를 엔진 옆으로 빠져나가게 하는 장치입니다(엔진의 팬을 반대로 돌리는 것이 아닙니다). 약 20% 이상의 제동력을 확보하게 해주는 장치죠(아마 창문으로 엔진 쪽을 바라보면 엔진 옆 부분에 뚜껑이 열린 것을 볼 수 있을 겁니다). 이러한 원리로 인해 소음이 승객이 있는 곳으로 곧장 전해져서 굉음이 들리는 것입니다.

비행기가 날 때 꼬리날개와 주날개의 역할

비행기의 이착륙을 보조하는 역할을 하는 스포일러와 에일러론은 순항하는 동안에는 아주 중요한 역할을 담당합니다. 특히 꼬리날개에 있는 엘리베이터(Elevator)와 러더(Rudder)라고 부르는 구조물과 함께 비행기의 고도를 맞춰주고 또 좌우로 기울지 않게 도와줍니다.

꼬리날개 중 수직으로 세워진 날개는 러더, 수평으로 있는 날개는 엘리베이터입니다. 비행기가 플랩을 이용해서 활주로에서 빠르게 이륙을 하면 플랩은 날개 밑으로 들어가는데, 그다음부터는 꼬리날개의

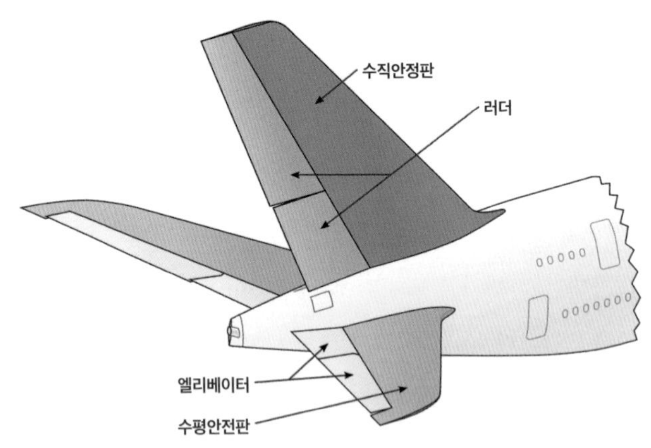

기존 항공기(그림은 Airbus A380 여객기) 기준 꼬리날개의 구조.
비행기의 방향성과 안정성을 조절하는 역할을 한다. © Olivier Cleynen

엘리베이터를 이용해서 고도를 조절합니다. 엘리베이터가 위로 올라가면 꼬리날개 쪽이 아래로 내려갑니다. 이렇게 되면 비행기 앞부분은 상대적으로 위로 들리겠죠? 그래서 고도는 상승하게 됩니다.

반대로 꼬리날개의 엘리베이터가 아래로 향하면 꼬리날개 쪽이 위로 올라갑니다. 이렇게 되면 비행기 앞부분은 상대적으로 아래로 향하면서 비행기 고도가 낮아집니다. 꼬리에 있는 수직 날개인 러더는 좌우로 움직이면서 순항 중인 비행기의 방향타 역할을 합니다.

이번엔 주날개를 볼까요? 날개 중앙에 있는 스포일러가 올라가면 날개가 아래로 내려갑니다. 날개 끝쪽에 있는 에일러론이 올라가도 마찬가지죠. 반대로 에일러론이 아래로 내려가면 다시 날개가 올라갑니다. 그렇다는 말은 날개 양쪽에 있는 스포일러와 에일러론이 위로 꺾이면 비행기는 아래로 내려가고, 에일러론이 아래로 꺾이면 비행기는 위로 올라간다는 말입니다.

그러나 일반적으로 하늘에서 순항 중인 비행기는 이 에일러론과 스포일러를 고도 조절에 사용하기보다 비행기가 기울지 않게 하거나 선회할 때 사용합니다. 왼쪽 주날개 끝에 있는 에일러론이 올라가면 왼쪽 날개 윗부분에 저항이 생기면서 왼쪽 날개가 아래로 내려갑니다. 동시에 오른쪽 날개의 에일러론은 아래로 향하면서 오른쪽 날개가 올라갑니다. 이렇게 되면 전체적으로 보았을 때 비행기가 왼쪽으로 기울면서 왼쪽으로 선회하게 되는 것입니다. 좌/우 날개의 에일러론이 앞서 설명한 것과 반대로 작동하면 오른쪽으로 기울겠죠?

일상에서도 이런 현상을 직접 경험할 수 있습니다. 달리는 자동차에서 문을 열고 손을 내민 다음 손바닥을 펼치고 위아래로 구부려보세요. 플랩이 내려간 것처럼 손바닥을 기울이면 손이 위로 올라가는 것을 느낄 수 있을 겁니다. 반대로 스포일러가 위로 올라간 것처럼 손바닥을 올리면 손이 아래로 내려가는 것을 느낄 수 있을 겁니다.

스포츠카 뒷부분에 날개처럼 생긴 것이 달려 있는 것도 같은 원리입니다. 자세히 보면 날개 뒤쪽이 위로 향한 것을 알 수 있는데, 이는 스포츠카가 빠른 속도로 달릴 때 차가 들리지 않게 하기 위한 장치입니다. 비행기의 스포일러가 하는 역할과 같습니다.

스포츠카에도 '날개'가 있다.

비행기를 하늘 위로 날게 하는 힘, 양력

그렇다면 비행기를 하늘 위로 띄우는 힘, 양력은 도대체 왜 생기는 것일까요?

우선 우리가 공중에 있을 때 받게 되는 4가지 힘을 알아봅시다. 비행기를 운전하는 기장이 엔진 출력을 최고로 높입니다. 이때 앞으로 나아가는 힘은 추력이라고 부릅니다. 그러나 공기가 있다면 앞으로 나아갈 때 공기저항을 받습니다. 이때 저항으로 뒤로 밀리려는 힘은 항력이라고 부릅니다. 거기다 우리 모두가 아는 월드 스타, 뉴턴이 증명한 중력 때문에 비행기는 아래로 떨어지려고 합니다. 하지만 비행기의 속도가 점점 빨라지고 비행기가 들리기 시작합니다. 이때 위로 날아오르게 하는 힘을 양력이라고 부릅니다. 이 양력이 생기기 위해서는 다음과 같은 조건이 필수입니다. 첫째, 공기(유체)가 있어야 한다. 둘째, 굴곡이 있는 날개가 있어야 한다. 셋째, 날개나 공기가 이동해야

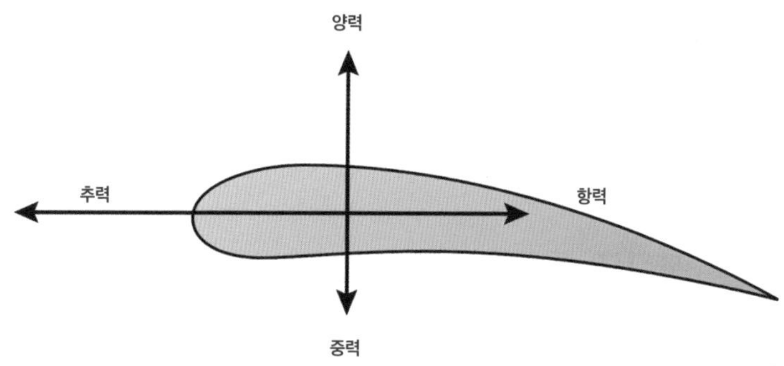

비행기가 공중에 있을 때 받는 4개의 힘

한다. 이 필수 조건을 만족하면 양력이 생깁니다.

비행기 날개를 유심히 보면 아랫면보다 윗면이 상대적으로 굴곡져 있습니다. 그리고 뒤쪽보다 앞쪽이 좀 더 위로 들려 있습니다. 이 때문에 날개를 스쳐 지나가는 공기는 날개 뒤쪽으로 가면서 아래로 빠지게 되고 아래로 빠지는 힘만큼 날개를 들어 올리는 것입니다. 뉴턴의 제3법칙(A가 B에 힘을 가하면, B 역시 A에 힘을 가한다는 작용 · 반작용의 법칙. 대표적인 예로는 지구와 달 사이의 만유인력이 있다)이 적용되었습니다.

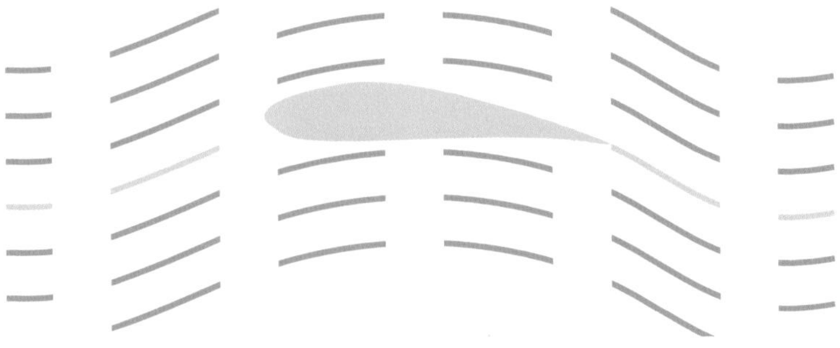

비행기 날개 단면도

요즘 과학, 더 생생히 즐기자!

비행기 날개 쪽에 앉으면 볼 수 있는 광경?

번외 편

비행기가 날아가는 모습을 보고 내일 날씨를 알 수 있다?

가끔 하늘 높이, 아무 소리 없이 무언가가 날아가는 모습을 본 적 있을 겁니다. 아마 고도 8km 이상으로 날아가는 장거리 국제선 비행기겠죠. 그리고 종종 이런 비행기 뒤로 두 줄이나 네 줄의 흰 연기가 길게 이어지는 것 역시 볼 수 있습니다.

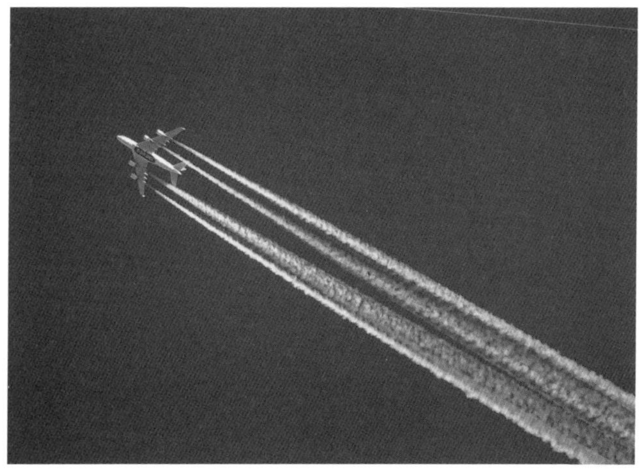

비행운

사실 이 두 줄 또는 네 줄의 연기는 구름의 일종입니다. 실제로 자연에서 구름이 만들어지는 과정이랑 거의 유사합니다. 그럼 먼저 구름이 만들어지는 과정을 알아볼까요?

지구 표면의 약 70%는 물로 채워져 있습니다. 우리 눈엔 안 보이지만 물은 수증기로 증발하기도 하고 다시 물이 되기도 합니다. 증발한 수분은 공기 중에 녹아 수증기 상태가 됩니다.

태양이 강하게 내리쬐면 땅에 맞닿아 있는 공기가 데워지면서 위로 상승하는 상승기류가 생성됩니다. 이렇게 상승하는 수증기는 하늘 높이 올라갈수록, 고도가 높아질수록 기압이 낮아지고 온도도 낮아집니다(영하 30~60℃). 그리고 결국 팽창하게 됩니다.

일반적으로는 샤를의 법칙에 따라 온도가 높아져야 공기가 팽창합니다. 하지만 온도는 낮아도 주변 기압이 낮아져서 공기가 팽창하게 될 경우 공기 속 물 분자들은 이곳저곳 더 넓은 곳을 날아다니게 됩니다. 별다른 열 교환 없이 부피만 늘어나 자체 에너지만 계속 소모되면서 내부 운동에너지가 줄어들고 온도가 내려가죠. 이것을 우리는 단열팽창이라고 부릅니다.

결국 높은 고도에서 수증기는 물방울로 변하는 응결 현상을 보이고, 계속해서 상승기류를 타고 온 수증기가 단열팽창으로 응결하면서 하얀 구름이 만들어지는 것입니다. 그렇다면 비행기 주위에서는 어떨까요?

우선 비행기는 엔진이 특이합니다. 자동차나 선박은 가솔린이나 경유를 사용하지만, 비행기는 제트유를 사용합니다. 이 제트 엔진은 먼저 엄청난 속도로 비행기 앞쪽의 공기를 빨아들입니다. 그리고 강하게 압축하죠. 충분히 압축한 뒤 점화시키면 고온, 고압의 고밀도 공기가 터빈을 빠른 속도로 회전시키면서 뒤쪽 배기구로 빠져나갑니다. 이때 강력한 반작용으로 비행기는 앞으로 나아갑니다.

그런데 거대한 비행기를 하늘 위로 띄워 올리는 엔진에서 연소되어 뿜어져 나오는 배기가스의 열기는 어마어마합니다. 600~700℃ 정도 됩니다. 앞서 하늘 높이 올라갈수록, 고도가 높아질수록 온도가 내려간다고 했습니다. 국제선 비행기가 날아가는 고도는 약 8~12km인데, 이 높이에서 주변 공기의 온도는 대략 영하 40~50℃ 정도 됩니다. 엄청 추운 데다 기압도 낮습니다. 이런 상황에서 비행기의 제트엔진 뒤로 온도가 700℃쯤 되는 배기가스가 배출되면 어떤 일이 발생할까요?

단열팽창이 일어납니다. 배기구 밖으로 나온 배기가스는 공기 중의 수증기를 만나 순식간에 냉각되고, 미세한 얼음 알갱이가 됩니다. 이렇게 단열팽창된 배기가스가 비행기 항로를 따라 뭉쳐서 구름이 되는 것이죠.

비행운은 따뜻하고 건조한 환경에서는 잘 생성되지 않습니다. 제트엔진에서 배출된 배기가스가 바로 승화되는 경우가 많기 때문입니다. 반면 춥고 습한 환경에서는 얼음 결정이 생기기 때문에 비행운도 잘 만들어집니다. 이런 특징 때문에 비행운이 비교적 오래 남아 있다면 날씨가 아주 습하다는 뜻이 되고, 이는 다음 날 비가 올 수도 있다는 말이죠.

갑자기 떨어지는 우박은 기상이변 때문일까?

2019년 3월 30일, 갑자기 우박이 떨어졌습니다.

3월 말이면 봄을 앞두고 날씨가 따뜻한 때가 많지만 겨울 못지 않은 꽃샘추위도 자주 찾아옵니다. 아름다운 꽃이 필 것을 시샘한 하늘이 한반도를 좀 춥게 만든 걸까요? 이건 그냥 웃자고 하는 이야기이고요. 사실 러시아 시베리아 쪽의 바람이 우리나라로 불어와서 그렇습니다. 그런데 아무리 시베리아 바람이 내려왔다지만 겨울에 비하면 엄청 따뜻한 날씨인데 어떻게 우박이 떨어진 것일까요? 심각한 기상이변은 아닐까요?

우리나라에는 3~5월, 10~12월에 우박이 집중적으로 떨어집니다. 계절이 빠르게 바뀌면서 대기가 불안정한 시기이기 때문입니다. 또

우박이 내리던 날 직접 찍은 사진

시간상으로는 오후 4~8시 사이에 우박이 많이 떨어집니다. 낮에는 땅이 태양열로 가열되었다가, 오후가 되면 뜨거워진 땅에서 열기가 올라와 대기가 불안정해지기 때문입니다.

추워서 얼음이 떨어지는 것이 우박이 아니고 대기가 불안정하면 우박이 떨어진다고? 네, 맞습니다. 우박이 어떻게 만들어지는지 알려드리겠습니다.

우박이 생기는 원리

우선 우박이 내리려면 비가 올 만한 날씨여야 합니다. 이때 하늘에서는 진한 푸른색의 뭉게구름이 나타납니다. 이 구름은 4km 상공에서 10km 상공까지 위아래로 길쭉하게 형성되는데, 우리는 이것을 적란운이라 부르고 순우리말로는 쌘비구름이라고 부릅니다. 구름 높이 올라가면 올라갈수록 온도는 내려가므로, 이 적란운의 중심부는 영하 10~20℃ 정도 됩니다. 여기에서는 얼음 결정이 둥둥 떠다니는데, 이 얼음 결정에 구름 속 수증기가 조금씩 달라붙어 얼면서 크기는 점점 커져갑니다.

커져서 무거워진 얼음 결정은 땅으로 떨어집니다. 평상시에는 땅으로 떨어지는 도중에 녹아서 비가 됩니다. 그런데 만약, 구름이 있는 높은 하늘의 온도는 영하인데 땅의 온도가 그보다 많이 높으면 어떻게 될까요? 뜨거운 땅 때문에 가열된 지상의 공기가 구름 쪽으로 올

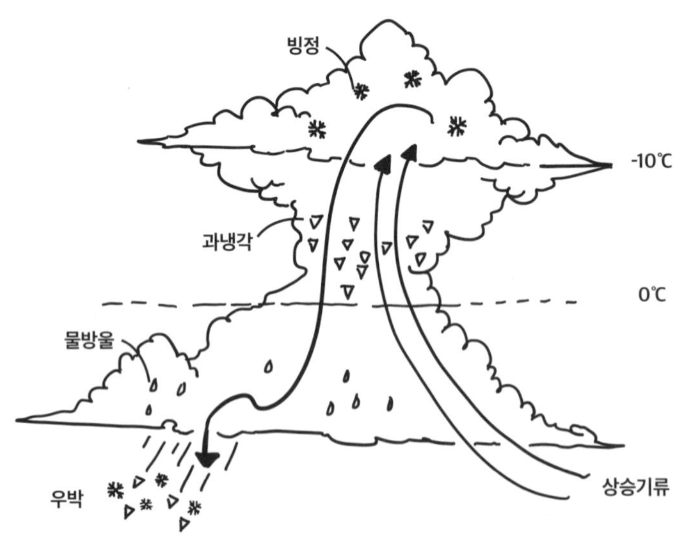

우박은 강한 상승기류를 타고 구름을 몇 번이고 오르내리면서 크기가 커진다.

라갑니다. 상승기류가 생기는 것이죠. 따라서 내려오던 얼음 결정은 기류를 따라 다시 상승합니다.

다시 구름 쪽으로 올라간 비나 얼음 결정은 구름 속 수증기와 합쳐지면서 더 큰 얼음이 되고, 좀 더 무거워진 얼음은 땅으로 떨어집니다. 이때 아까 만났던 상승기류를 또 만나게 되면 다시 구름으로 상승하죠. 이 과정을 계속 반복하다가 너무나 무거워지면 얼음은 그대로 땅으로 떨어집니다. 너무 무겁기 때문에 상승기류는 더 이상 이 얼음들을 구름으로 올려보내지 못하죠. 이때는 이미 얼음 결정이 아닌 얼음덩어리입니다. 그래서 지상으로 떨어질 때 녹아서 비가 되지 않고 우박의 형태로 떨어지는 것입니다. 여기서 또 하나 궁금한 점이 생깁니다. 우박을 손으로 받으면 위험하지 않을까요?

우박은 생각보다 위험합니다

제가 손을 내밀고 우박을 받을 수 있었던 이유는 우박이 BB탄 총알 크기만큼 작았기 때문입니다. 그런데 만약에 조금 더 큰 우박이라면 꽤 위험해집니다. 해외의 여러 우박 영상에서는 아주 큰 우박이 떨어지는 장면도 볼 수 있는데, 차 유리가 박살나고 건물 간판이 떨어져 나가기도 합니다. 사람 머리에 부딪히면 머리가 깨지겠죠. 영화 〈투모로우〉에도 나옵니다. 영화에서는 심각한 기상이변으로 일본에 지름 20~30cm 이상 되는, 거의 농구공 크기만 한 얼음덩어리들이 떨어집니다. 그 장면에서 대피하던 한 사람이 우박을 맞고 그냥 쓰러지는데,

실제라면 머리가 터졌을 겁니다.

2006년에는 비행기가 우박과 충돌한 사건도 있었습니다. 아시아나 항공 8942편(A321-131, HL7594)이 우박을 형성하는 중인 적란운을 그대로 통과하다가 수많은 우박과 충돌했고, 그 결과 조종석 앞쪽에 있는 레이더 덮개와 조종실 전면 유리창이 깨졌던 사건인데요. 다행히도 인명사고 없이 안전하게 김포공항에 착륙했고 전원 생존했습니다. (사람과 비행기 모두 안전하게 착륙시켜 조종사들은 칭찬은 받았지만 뇌우를 확인하고도 제대로 회피 비행을 하지 않았기에 징계를 받았습니다.)

하늘에서 뭔가 딱딱한 것이 떨어지면 작든 크든 피하는 것이 맞습니다. 저는 집 안에서 우박의 크기를 확인하고 사진을 찍었지만 만약 야외에서 갑자기 우박이 떨어진다면 우선 피해야 합니다. 피하지 않고 카메라부터 들고 찍으면 위험하니 명심하세요.

요즘 과학, 더 생생히 즐기자!

우박이 내리는 이유가 궁금하다면?

번외 편

만약 태풍에 핵폭탄을 터트리면 태풍이 없어질까?

2019년 9월 첫째 주에 태풍 링링이 한반도 서쪽을 강타해 많은 피해를 낳았습니다. 비슷한 시기에 미국 동부에는 아주 강력한 허리케인 도리안이 상륙하여 어마어마한 피해를 일으켰죠. 자연 앞에서 속수무책인 우리 인류.

태풍은 보통 직경이 약 160km에서 700km까지 다양하고 바람도 초당 수십 미터의 속도로 붑니다. 현재까지 알려진 연구 결과에 따르면 태풍은 열대지역에서 바닷물 온도가 27도 정도가 되면 발생하고, 태풍 이동 경로에 있는 바다의 온도가 계속 높으면 태풍의 위력은 더 세집니다. 일부 기상학자들은 여름에 적도 지역이 너무 달아올라 이를 식히기 위해서 태풍이 나타나 북쪽으로 열기를 이동시키는 것이라고 말합니다.

허리케인 도리안이 미국에 상륙하기 전 트럼프 대통령은 허리케인에 핵폭탄을 터트려서 막아보자는 제안을 했습니다. 모두 말도 안 되는 소리라고 비난했죠. 하지만 이런 생각을 트럼프가 처음 한 것은 아닙니다. 50년 전부터 수많은 과학자들이 한 번쯤 생각해본 것이었죠. 자, 만약에 허리케인에 핵폭탄을 터트리면 허리케인이 소멸할까요?

당시 과학자들이 생각했던 원리는 이것이었습니다. 태풍의 중심인 '눈' 부분은 따뜻한 바닷물과 뜨거운 공기로 가득 차 있습니다. 여기에 핵폭탄을 터트리면 뜨거운 공기와 바닷물이 하늘 높이, 아주 높이 날아가 없어지고 대신 차가운 바닷물과 차가운 공기가 들어차게 만들어서 태풍이 힘을 잃게 만드는 것이었습니다.

일단 아이디어는 좋습니다. 그럼 그렇게 핵폭탄을 터트린다고 결정했다 칩시다. 한 발이면 될까요? 아닙니다. 100개 이상을 터트려야 합니다.

태풍은 엄청난 에너지를 가지고 있습니다. 20분에 핵폭탄 1개씩 터지는 위력을 가지고 있죠. 전력 에너지로 환산하면 약 10~50조 와트입니다. 다르게 말하면 2차 세계대전 동안 사용된 모든 폭탄의 에너지보다 2배 이상 큽니다.

그러니 핵폭탄 두세 발을 터트려 봤자 아무런 변화가 없을 뿐만 아니라 핵이 터지면서 생긴 방사선 물질이나 먼지들이 태풍을 타고 육지를 덮칠 것입니다.

현재 과학자들은 핵폭탄이 아닌 다른 방법으로 태풍의 위력을 약화할 방법을 찾고 있습니다. 지금까지 시도한 것 중 가장 효과가 좋았던 것은 비행기가 태풍 안으로 들어가 응결 물질을 뿌리는 것이었습니다. 실제로 과거에 미국으로 향하는 허리케인의 위력을 30% 정도 낮춘 적도 있거든요.

요즘 과학, 더 생생히 즐기자!

어떻게 해야 태풍이 소멸할까?

영하에서도 얼지 않는 콜라가 존재한다?

우리가 살고 있는 1기압인 이 지구에서는 0℃가 되면 물이 얼기 시작하고 100℃가 되면 물이 끓기 시작합니다. 그런데 특정 조건에서 100℃가 넘어도 물이 끓지 않는 상태가 발생하기도 합니다. 이것을 우리는 과열(superheating)이라고 부릅니다. 과열된 물은 보통 비등점인 100℃에서 임계점인 374℃ 사이에서 가압된 액체를 말합니다. 일반적으로 증기압력(액체의 표면에서 액체가 증발하는 속도와 기체가 응축해 액체가 되는 속도가 같아졌을 때의 압력)보다 외부 기압이 높을수록 끓는점이 높아지기 때문이죠. 압력밥솥을 이용하면 아궁이에서 밥을 만드는 것보다 빠르게 밥을 지을 수 있는 것이 이 때문입니다.

다시 말해 우리 주변에서 느껴지는 일반적인 기압인 1기압에서는 과열이 일어나지 않습니다. 만약 증기압력보다 외부 기압이 더 낮다면 끓는점 자체가 낮아져 물은 100℃ 이하에서도 끓게 됩니다. 아주 높은 산꼭대기에서 밥을 하면 밥이 제대로 익지 않은 채 만들어지는 현상과 같은 이치입니다.

과열과 과냉각의 원리

보통 과열 현상은 갑자기 또는 빠르게 열을 가했을 때 발생합니다. 일반적으로 물을 가열하면 비등점인 100℃가 되었을 때 기포가 발생합니다. 물이 열에너지를 흡수하는 과정이죠. 그러나 엄청난 화력이나 고출력 전자레인지로 물에 열을 가하면 기포가 생기기도 전에 비등점인 100℃를 훌쩍 뛰어넘습니다. 실제로 100℃를 넘은 물이지만 겉으로 보기에는 끓지 않죠. 이 때문에 사람들은 '별로 뜨겁지 않겠지'라는 생각으로 커피를 타거나 컵라면에 물을 붓습니다. 그런데 이때는 화산이 용암을 분출하듯 물이 끓으며 튀어 오르는 돌비 현상이 발생하기 쉽습니다. 결국 수많은 사람들이 돌비 현상으로 손에 화상을 입기도 합니다. (그러니 커피 물이나 컵라면 물은 커피포트에, 봉지 라면이나 국은 전기/가스레인지에서 천천히 끓이도록 합시다.)

반대로 0℃ 이하인데 물이 얼지 않는 상태가 발생할 때도 있습니다. 우리는 이것을 과냉각(supercooled)이라고 부릅니다. 신기한 것은 과냉각 상태가 되어서 얼지 않은 액체는 살짝 건드리기만 해도 순식간에 얼어버린다는 겁니다. 이 과냉각 현상 역시 고체, 액체, 기체의 분자 배열의 차이에서 옵니다.

먼저 물질의 상태에 따른 분자 배열을 살펴봅시다. 기본적으로 아는 것과 같이 고체 상태에서는 분자들이 모여 있고 기체로 갈수록 분자들은 흩어져 있습니다. 액체 상태에서는 분자들이 자유롭게 이리저리 돌아다닙니다. 그렇다면 이때, 액체 상태의 물을 얼려 고체 상태의 얼음으로 만들면 어떻게 될까요? 물을 이루고 있는 분자들이 서로서로 아주 가깝게, 단단하게 달라붙으며 딱딱하게 형태를 유지하는 얼음이 되죠. 반면에 물을 끓이게 되면 물 분자들이 빠르게 진동하기 시작하고, 어느 정도의 가열 에너지를 얻어 이리저리 튕겨 나가다가 결국 기체가 되어 하늘로 날아가죠.

물질의 상태에 따른 분자의 모습

한편 액체 상태인 물을 극저온인 곳에서 얼리면 어떻게 될까요? 놀랍게도 물은 얼지 않고 액체 상태로 유지됩니다. 분자들이 0°C에서 얼음 형태로 배열되기도 전에, 온도가 영하 수십 도로 내려가기 때문이죠. 이 현상이 바로 앞에서 언급한 과냉각입니다. 과냉각 상태가 된 물에 충격이 전해지면 영화 〈겨울왕국〉의 엘사가 얼음 다리를 쭉 만들어내는 것처럼 물이 쫘악! 어는 것을 관찰할 수 있습니다. 지금이야 왜 이런 현상이 발생하는지 그 원리를 어느 정도 알게 되었지만, 18세기 과학자들은 온도와 관련한 실험을 할 때 이런 과열과 과냉각 현상 때문에 실험에 애를 먹었다고 합니다. 그런데 아직까지 풀리지 않은 이야기가 있습니다. 바로 '영하 몇 도가 과냉각수를 만들 수 있는 최저 온도인가?'라는 것이지요.

얼지 않는 콜라를 만드는 최적의 온도

1968년 연구원 길라(Gilra)는 한 실험을 통해 영하 약 40~42℃가 과냉각수가 되는 최저 온도라는 결론을 내렸습니다(동질 핵형성 온도: homogeneous nucleation temperature)*. 물이 영하 42℃ 이하로 내려가게 되면 아무리 빨리 얼린 것이라 하더라도 무조건 얼음이 되었기 때문이죠. 그런데 다른 연구를 보면 영하 40℃ 내외의 온도가 과냉각수가 되는 최저 온도가 아니라는 결과도 있습니다. 또 1997년 이후 연구원 제프리(Jeffery)와 오스틴(Austin)이 진행한 한 연구에서는 일련의 실험실과 항공기 측정 결과, 과냉각수가 영하 70℃의 낮은 온도에서도 존재했다는 사실이 밝혀졌습니다.

과냉각수와 최저 온도에 대한 연구는 시간이 흘러서도 계속되고 있는데요. 2011년 영국의 권위 있는 과학 학술지인 〈네이처〉에 발

* 동질 핵형성 온도: 41.15도. 액체가 얼지 않고 액체로 버틸 수 있는 최저 온도를 뜻한다.

표된 발레리아 몰리네로(Valeria Molinero) 화학과 교수와 에밀리 무어(Emily Moore) 연구원의 연구에 따르면, 컴퓨터 시뮬레이션을 해본 결과 영하 48.3°C가 되면 물은 무조건 얼음이 되어야 한다고 하네요. 우리 주변에서 흔히 볼 수 있는 물이지만 생명수라 불리는 물인 만큼 사실 과학적으로 밝혀진 내용이 많지는 않은 것 같습니다.

한편 저는 최근에 과냉각 상태로 얼지 않은 콜라가 존재한다는 사실을 발견했습니다. 서울 용산 CGV에 콜라 자판기가 하나 있는데 이 자판기 속에 있는 콜라들은 모두 과냉각 상태였습니다.

자판기에서 콜라를 뽑은 뒤 한 번 흔들어주면 슬러시처럼 변한 콜라를 마실 수 있습니다. 현재 지방에 거주 중이어서 사 먹지 못하는 분이 계신가요? 그렇다면 과냉각 상태의 물을 만들 수 있는 방법을 알려드리겠습니다.

얼어 있는 것처럼 보이지만 슬러시 같았던 과냉각 콜라

과냉각수 만들기 실험

① 준비물

얼음 200g 이상, 물 200ml, 수조 또는 대야, 시험관 또는 유리, 페트병, 소금 50g, 스포이트

② 실험 과정

1. 수조나 대야에 얼음을 넣습니다.
2. 얼음에 소금을 뿌립니다.
3. 시험관이나 유리병 또는 페트병에 물을 100ml씩 담습니다.
4. 얼음이 들어 있는 수조나 대야에 넣고 시험관 또는 병 속의 물이 0℃ 이하로 내려갈 때까지 기다립니다.
5. 물의 온도가 0℃ 이하로 내려가면 물이 든 시험관 또는 병이 흔들리거나 충격이 가지 않도록 아주 조심스럽게 꺼냅니다.
6. 꺼낸 시험관이나 병을 손가락으로 두드리고(세게 쳐도 됩니다) 어떤 일이 벌어지는지 잘 관찰해봅시다.

③ 주의!

과냉각수를 성공적으로 만들려면 불순물이 거의 없는 물을 사용해야 합니다. 특히 과냉각수는 약한 충격에서도 빙정이 생겨나 곧바로 얼 수 있기 때문에 과냉각수가 들어 있는 병을 꺼낼 때는 정말 조심해야 합니다.

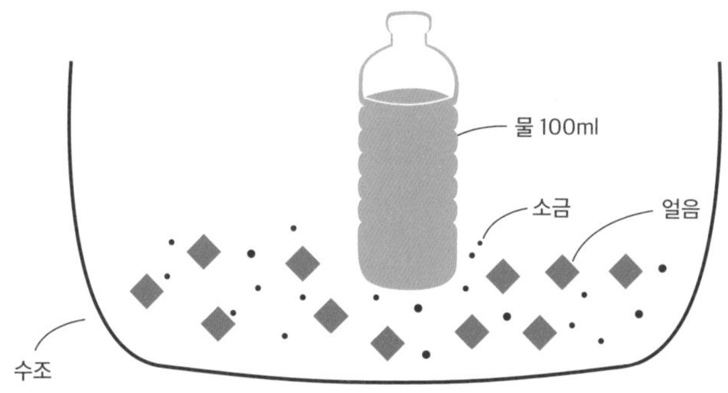

소금과 얼음이 만나면 주변의 열을 흡수한다.

이 실험에서 얼음에 소금을 뿌리는 이유는 무엇일지 살펴봅시다. 우선 소금의 화학식은 NaCl으로 여기서 Na는 나트륨이온, Cl은 염소이온입니다. 염소이온은 어는점을 낮추는 역할을 하므로 얼음을 더 빨리 녹게 합니다. 이렇게 소금과 얼음이 만나 녹으면서(용해되면서) 주변의 열을 흡수하는 흡열반응을 일으키고, 시험관 속 물이 가진 열을 흡수하죠. 이 과정에서 시험관 속 물의 온도는 최저 영하 21°C까지 내려갑니다. 따라서 수조 속 소금 뿌린 얼음은 과냉각수를 만드는 냉매제로 유용하게 쓸 수 있습니다.

요즘 과학, 더 생생히 즐기자!

뚜껑을 열면 슬러시가 되는 콜라?

번외 편

90도 사우나에서 왜 뜨겁지 않나

스파나 사우나를 좋아하시나요? 여러분은 목욕탕에 가면 몇 도의 탕에 들어가시나요? 사우나실 온도는 어느 정도를 선호하시나요? 저는 뜨거운 것을 매우 싫어해서 탕은 38~39℃로 맞춰진 곳에만 들어갑니다. 그런데 탕이 아닌 사우나에서는 70℃가 넘는 온실방에도 쉽게 들어갈 수 있습니다. 물론 숨 쉬는 것이 힘들게 느껴지지만요. 도대체 어떻게 가능한 것일까요?

이 또한 고체와 액체, 기체의 특성에 따른 것입니다. 일단 액체는 기체와 비교해서 단위 부피당 물 분자들이 많습니다. 그에 비해 기체는 물 분자들이 이리저리 날아다니고 있기 때문에 같은 단위 부피당 물 분자 수가 적습니다. 다시 말해 40℃의 물에서는 우리 몸에 닿는 물 분자 수가 많기 때문에 뜨겁게 느껴지는 것이고, 70℃의 공기에서는 우리 몸에 닿는 물 분자 수가 극도로 적어서 뜨겁지 않게 느껴지는 것입니다. 냉탕에 들어가는 것보다 찜질방의 얼음방에 들어가는 것이 덜 추운 것도 반대 현상이긴 하지만 같은 이치죠.

또한 사우나실에 있으면 더운 기온 때문에 땀을 흘리는데, 이 땀이 증발하면서 우리 몸의 열을 뺏어가기 때문에 우리 몸은 36.5℃를 유지할 수 있습니다.

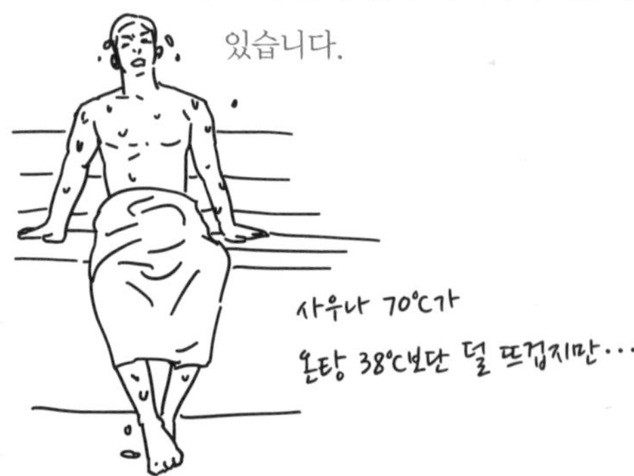

사우나 70℃가
온탕 38℃보단 덜 뜨겁지만…

자동차는 어떻게 스스로 운전을 할까?

운전하시는 분들, 많으신가요? 저는 수동으로 변속기를 바꾸는 1종 보통 면허증을 땄는데, 주위에는 그냥 2종 면허증을 가진 분들도 많더군요. 어쨌든 면허 종류와는 상관없이 운전 실력은 하면 할수록 늘어날 겁니다. 한 번에 후방 주차를 하기도 하고, 완벽한 코너링을 보여주기도 하면서 말이죠.

이렇게 우리가 열심히 핸들을 돌리고 페달을 밟으면서 안전하게 운전하는 사이, AI(Artificial Intelligence)라고 불리는 인공지능이 나타났습니다. 처음에는 멍청했는데 어느 순간 인간을 상대로 체스를 이기더니 바둑도 이기고 스타크래프트도 이기고, 이제는 의사보다 병 진단도 잘하기 시작했습니다. 엄청난 연산 속도로 필요한 정보들을 다

빨아들여 학습했기 때문이죠. 그럼 이 인공지능이 비행기나 배, 자동차, 자전거 같은 탈것에 적용되면 인간의 조종 없이도 스스로 운전해서 목적지까지 갈 수 있지 않을까요?

사실 비행기나 배에는 이미 자동 운전 기능이 있습니다. 이것을 '자동 항법 시스템'이라고 부르는데, 인공지능은 아닙니다. 스스로 생각해서 앞으로 갈지, 뒤로 갈지, 방향을 바꿀지 정하는 것이 아니라 GPS를 기반으로 정해진 길을 따라가는 것뿐입니다.

그런데 최근, 인공지능을 자동차에 적용하려는 기업들이 보입니다. 복잡한 도로 상황에서도 교통법을 지키면서 안전하게, 차 스스로 운전하도록 만들겠다는 건데요. 그럼 도대체 어떻게 자동차가 사람처럼 운전해서 목적지까지 가는지 또 지금은 어느 정도까지 기술이 개발되어 있는지 알아봅시다.

AI는 어떻게 개발되고 발전했을까

인공지능(AI)이라는 용어는 1956년 미국의 존 매카시 교수가 다트머스 회의 중에 처음으로 사용했습니다. 인간처럼 생각하고 문제를 풀 수 있는 시스템을 만들려고 했죠. 그러나 1970년대에는 기술적 한계로 개발이 중단되다시피 했고, 이후 1980년대에 들어서야 조금씩 발전한 컴퓨터에 지식과 정보를 학습시키는 연구가 이루어졌습니다. 하지만 인터넷도 제대로 구축되지 않았던 시절이라 한 번에 방대한 양의 데이터를 입력해 단기간에 학습시키는 작업이 불가능했고, 결국 개발은 또 좌절됐습니다. 1990년대에 이르러서야 제대로 된 인터넷이 나타나게 되었고, 네이버나 구글 같은 검색엔진이 만들어지면서 방대한 양의 데이터가 축적되기 시작했습니다. 우리는 이것을 빅데이터라고 부릅니다. 이때부터는 단순히 인공지능 개발이 아닌, 머신러닝이라는 분야가 탄생하게 됩니다.

인간처럼 생각하고
문제를 푸는 기계를 꿈꾸다

머신러닝은 말 그대로 기계가 학습하는 것인데, 기계가 스스로 모든 것을 학습하는 것은 아닙니다. 인간이 코딩으로 기본적인 알고리즘을 적용해야 그 알고리즘에 따라 컴퓨터가 데이터를 분석하고 학습하며 판단이나 예측도 합니다. 예를 들어, 자동차를 인지하게 만들려면 개발자가 자동차의 경계면을 식별하는 필터를 입력해야 하고 자동차 형태를 감지하는 형상 감지 필터를 넣어야 합니다. 또 앞차의 번호판을 인식하게 하려면 각각의 문자와 숫자를 인식하는 분류기를 직접 코딩으로 입력해야 합니다. 코딩이 완료되면 이때부터는 컴퓨터가 알아서 그림 속 사물이 자동차인지 박스인지 학습하는 것입니다.

코딩 한 번(?)으로 컴퓨터가 생각을 하기 시작한 듯합니다. 그러나 우리들이 원하는 것은 코딩을 입력할 필요도 없이, 완전히 스스로 방대한 데이터를 수집해서 분석한 다음 A는 A고 B는 B라고 판단하는 기계입니다. 인공지능 연구원들은 이렇게 생각했죠.

'인간처럼 기계가 스스로 정보를 모으고 학습하게 하려면 일단 인간의 뇌처럼 만들면 되겠구나!'

그래서 연구원들은 '인공신경망'이라는 것을 만듭니다. 인공신경망은 인간 뇌 속에 있는 뇌세포들, 특히 뉴런의 작동 방식을 따라서 만든 것입니다.

인간의 뇌를 본따 만든 인공신경망

일반적으로 뉴런은 신경세포체와 수상돌기(가지돌기), 축삭돌기와 축삭말단으로 구성되어 있습니다. 수상돌기는 나뭇가지처럼 뻗어서 수많은 다른 뉴런의 축삭말단과 연결되어 있습니다. 축삭말단은 또 다른 수많은 뉴런의 수상돌기와 연결되어 있죠. 이때 수상돌기는 앞에 연결된 뉴런으로부터 신호를 받는 역할을 합니다. 반대로 축삭말단은 수상돌기가 받은 신호를 다른 뉴런에게 전달하는 역할을 합니다. 신경세포체에는 뉴런이 계속해서 살아 있도록 생명 활동을 조절하는 데 필요한 핵과 소기관들이 있죠. 자, 그렇다면 이 뉴런을 따라서 만든 인공신경망은 어떤 구조로 이루어져 있을까요?

인공신경망의 구조를 나타낸 그림을 살펴봅시다. 동그라미 도형 하

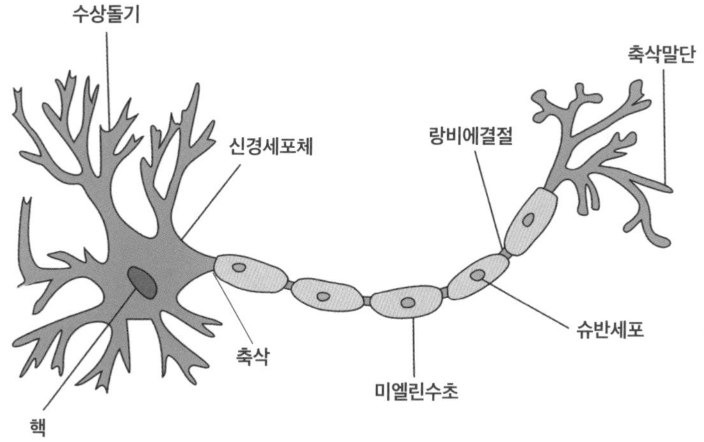

신경세포인 뉴런의 구조 © Quasar Jarosz

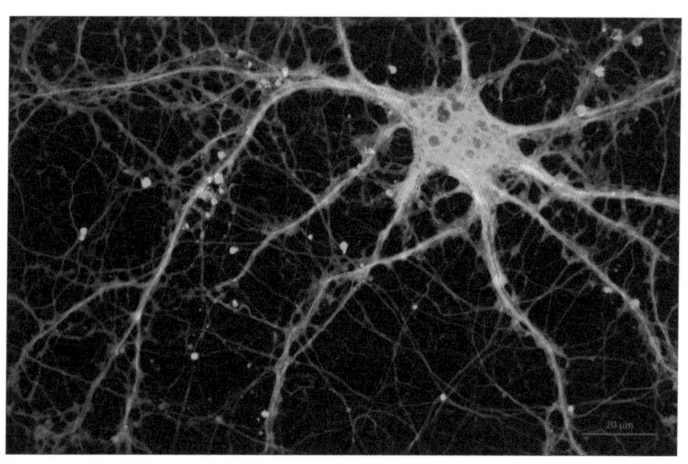

실제 뉴런의 모습(배양된 쥐의 해마 뉴런) © ZEISS Microscopy

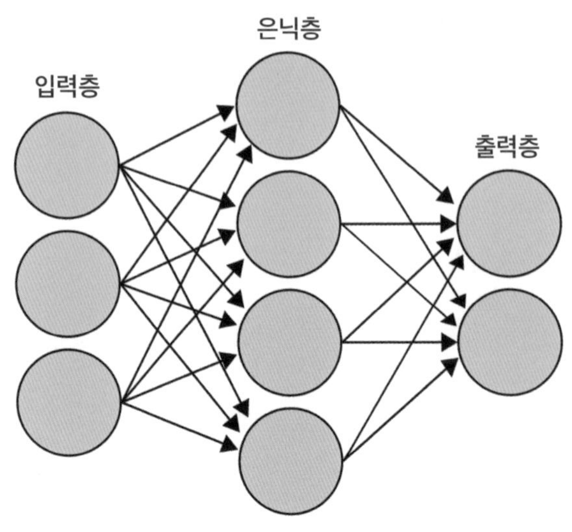

인공신경망의 구조
인공지능은 이 구조를 통해 학습한다. © Cburnett

나하나가 인간의 뇌에 있는 뉴런이라고 생각하시면 됩니다. 맨 왼쪽에 있는 것들을 입력층(Input layer)이라고 부릅니다. 인간으로 말하자면 처음으로 신경을 감지한 세포입니다. 그리고 중간에 있는 것은 은닉층(Hidden layer)이라고 부릅니다. 인간으로 치면 뇌 속의 수많은 뉴런들이죠. 맨 오른쪽에 있는 동그라미 도형들은 출력층(Output layer)이라고 부릅니다. 인간으로 치면 사과를 보고 '저것은 사과다!'라고 결론을 내리는 부분입니다. 이때 이 은닉층이 많은 신경망을 이용해 기계가 학습하는 것을 딥러닝이라고 합니다.

다시 말해 딥러닝은 은닉층이라고 불리는 수많은 층을 가지고 있으며, 인공적으로 만들어진 신경망을 구축해서 사람이 무언가를 배우듯이 마찬가지로 배우고 적용합니다. 이 과정을 거쳐 학습이 완료되면 자동차에 쓰이는 컴퓨터에 적용할 수 있습니다. 카메라 센서로 주변 환경과 패턴을 분석하면서 주변에 있는 자동차나 사람의 움직임을 예측하고 어떻게 운전할 것인지 판단하는 것이죠. 마치 빛이 어느 물체에 반사되어서 우리 눈의 수정체로 들어오고, 망막에 상이 맺히고, 그 상이 전기적 신호가 되어서 뇌로 전달된 뒤, 뇌가 그 정보들을 연산해서 공간을 만들고 인식하는 것과 같습니다. 겉으로 보기에는 딥러닝이 최고인 것 같습니다. 그러나 장점이 있으면 단점도 있습니다.

딥러닝 AI는 인간의 어릴 적과 마찬가지로 배우는 과정을 필요로 합니다. 그러다 보니 학습 과정에서 수많은 오답을 낼 때도 있죠. 오답을 내지 않게 하려면 무수히 많은 학습을 해야 하는데 이때 엄청난 양의 데이터가 필요합니다. 다행히도 통신 속도의 발전과 연산에 최적화된 GPU의 발전으로 데이터 처리가 쉬워졌습니다. 2012년에는 구글과 스탠퍼드대학의 앤드류 응(Andrew NG) 교수가 16,000개의 컴퓨터로 약 10억 개의 인공신경망으로 만들어진 심층신경망을 구축했고, 이를 활용해 유튜브 영상에서 1,000만 개의 이미지를 뽑아 컴퓨터에게 분석하게 했더니 컴퓨터가 사람과 고양이 사진을 구별하는 데 성공했습니다.

그럼 이 딥러닝 시스템을 적용한 자율 주행 자동차는 지금 어느 수준까지 도달했을지, 한번 살펴볼까요?

자율 주행 자동차의 5단계

자율 주행 자동차는 0단계에서 5단계로 나뉩니다(미국자동차공학회 기준). 지금까지 우리가 타고 운전했던 자동차는 0단계입니다. 기본적으로 좌석과 운전대가 있고 무조건 사람이 직접 조종해야 하는 자동차죠. 자동으로 무언가 하는 것은 그저 기어를 자동으로 바꾸는 일뿐입니다. 그러나 자동차 조종이나 제어에 관여하지 않기 때문에 자율 주행 능력으로 취급하지 않습니다.

그런데 이런 자동차에 카메라와 센서가 장착되고, 전방이나 후방의 충돌 경고와 동시에 자동으로 운전 중인 자동차의 속도를 줄이는 기능 또는 앞차와의 간격을 조절하고 차선 이탈을 방지해주는 기능이 탑재되면 1단계가 됩니다. 하지만 운전자가 핸들을 계속 잡고 있어야 하고, 차는 주행 보조 역할만 하기 때문에 이 경우에도 자율 주행 능력은 없습니다.

2단계는 위의 1단계에서 운전자 보조 역할이 강화된 것입니다. 앞차가 급정거를 할 때 센서가 이를 인식하고 급정거를 하기도 하고, 앞차가 출발하면 따라서 출발하거나 차선을 따라 핸들을 스스로 돌려 커브를 돌기도 합니다. 한국에 출시된 테슬라 자동차의 오토파일럿 기능과 제네시스 G70의 액티브 세이프티 컨트롤 등이 여기에 해당합니다. 그러나 항시 운전자가 핸들을 잡고 있어야 합니다. (테슬라의 오토파일럿 하드웨어는 자율 주행 5단계를 지원하지만 각 국가마다의 자율 주행 규제에 따라 단계를 달리 적용합니다.)

3단계부터는 운전 시 자동차 센서가 더 많은 일을 합니다. 사람이 직접 하지 않아도 알아서 가속·감속. 추월을 하고, 사고나 교통 혼잡을 피해서 다른 길로 가기도 합니다. 자동차가 스스로 판단하기 힘든 상황에서만 운전자가 개입하도록 요청합니다. 현재 구글 자회사 격인 웨이모(Waymo)에서 자율 주행 3단계를 실험 중입니다. 그러나 한국의 도로교통법 제48조 제1항(2019 기준)에는, "모든 차 또는 노면전차의 운전자는 차 또는 노면전차의 조향장치와 제동장치, 그 밖의 장치를 정확하게 조작하여야 하며, 도로의 교통상황과 차 또는 노면전차의 구조 및 성능에 따라 다른 사람에게 위험과 장해를 주는 속도나 방법으로 운전하여서는 아니 된다"라고 명시되어 있습니다. 다시 말해 현재로선 자율 주행 3단계가 완벽히 개발된다고 해도 한국에서는 운행이 불가합니다.

4단계부터는 사람이 직접 운전을 조작해야 할 일은 거의 없습니다. 이때부터 자동차는 움직이는 IT 기기가 됩니다. 자동차가 굴러가면서 주변 환경을 인식하고 그래픽 정보로 변환해 처리해야 하기 때문에 자동차 회사 혼자서 자동차를 만들지 못할 수 있습니다. 구글이나 애플 같은 회사의 소프트웨어와 삼성, 엔비디아, 인텔 등의 하드웨어(칩셋 등)가 필요하죠.

평창올림픽 기간 중 문재인 대통령은 4단계 자율 주행 시스템이 적용된 현대자동차의 넥쏘를 타고 고속도로를 주행했습니다. 위험한 도전인 듯했지만 자율 주행 개발에 도움을 주신 게 아닌가 싶네요.

마지막으로 5단계는 SF 영화에 나오는 것과 같습니다. 목적지만 입력하면 도심이든 고속도로든 비포장도로든 산골이든 알아서 갑니다. 더 이상 조종석이 필요 없어지면서 차량 내부는 침대, TV, 냉장고 같은 편의 시설로 가득 차겠죠.

딥러닝 개발 초기에는 컴퓨터의 연산능력이 부족해 애를 많이 먹었는데, 4G나 5G 같은 통신 기술의 발달과 GPU, CPU, 램 같은 컴퓨터 하드웨어의 발달로 나날이 빠른 속도로 개발되고 있습니다. 이제 5G도 상용화되어 전국으로 통신망이 구축되면 자동차와 도로교통 시스템이 지연 없이 연결될 테고 자율 주행 자동차의 상용화도 급속도로 진행되겠죠. 면허증도 필요 없어질 날이 멀지 않은 것 같습니다.

요즘 과학, 더 생생히 즐기자!

5단계 자율주행차를 직접 타보다!

어벤져스 앤트맨은 현실 가능할까?

영화 〈어벤져스: 인피니티 워〉 잘 보셨나요? 어벤져스 시리즈 중 '인피니티 워' 편에서는 기대와 달리 크기가 작아졌다 커졌다 하는 히어로인 앤트맨이 나오지 않았는데요. 소문에는 히어로들이 전투를 벌이던 때에 양자의 세상에서 혼자 작전을 펼치고 있었을 거라고 합니다. 그런데 지금 와서 갑자기 의문점이 생겼습니다. 인간이 실제로 과학기술을 이용해 앤트맨처럼 작아지거나 커질 수 있을까요?

정답을 먼저 말하자면, 불가능합니다. 외계인 공대생을 갈아 넣어 앤트맨 기술이 만들어졌다고 해도 실제로 인간에게 사용하면 치명타를 입습니다. 그렇다면 무엇 때문에 인간에게 적용 불가능하다는 것인지 구체적으로 알아봅시다.

영화 〈앤트맨〉에서는 1대 앤트맨이었던 행크 핌 교수가 핌 입자 기술을 이용하여 사람이나 사물의 크기를 자유자재로 만듭니다. 이때 핌 입자 기술의 원리는 물질을 구성하는 분자 속 원자들의 위치를 바꾸는 것입니다. 원자의 위치를 바꾼다니, 무슨 말일까요?

원자는 원자핵이라는 +(플러스)전하를 띤 입자와 전자라는 -(마이너스)전하를 띤 입자로 이루어져 있습니다. 여기서 놀라운 점은 원자 전체에서 원자핵이 차지하는 크기는 약 1/100,000밖에 되지 않는다는 겁니다.

그런데 전자는 더더욱 작습니다. 안 그래도 작은 원자핵보다 1/1,000만큼 더 작습니다. 다시 말해 전자는 원자가 차지하는 크기의 약 1/100,000,000(1억분의 1)밖에 되지 않는다는 말입니다. (현실에서 전자의 크기는 0으로 간주한다.) 숫자가 많으니 헷갈리고 보기 싫어지죠? 그럼 일상생활에서 볼 수 있는 것으로 쉽게 설명해보겠습니다. 만약 원자가 서울 고척 스카이돔만 하다고 가정해봅시다. 고척 스카이돔 속의 축구공 크기가 원자핵의 크기이고, 공기 중에 날아다니는 먼지가 전자의 크기 정도라고 보시면 됩니다.

분자나 원자단위로 확대해서 이 세상 물질을 살펴보면 텅텅 빈 세상으로 보이겠죠? 그래서 영화 〈앤트맨〉 속 행크 핌 교수는 특정한 물체의 텅 비어 있는 원자 간 거리와 분자 간 거리를 좁혀 본래의 크기를 줄이려고 한 것입니다. 그런데 한 물체의 크기가 작아지려면 그 물체를 이루고 있는 원자핵과 전자의 간격을 1/1,000 이하로 줄여야

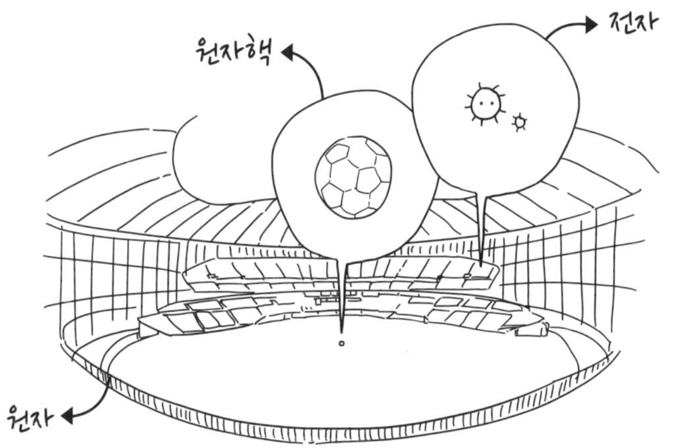

합니다. 원자핵과 전자의 거리를 좁혀야 원자의 크기가 줄어들고, 원자 간의 거리를 줄여야 분자 크기가 줄어들기 때문이죠. 하지만 현실에서는 원자핵과 전자 사이에 인력이 작용해 서로 일정한 거리를 유지하면서 원자의 형태를 유지합니다. 따라서 원자와 전자의 간격을 줄이는 일은 현재의 물리법칙에 따르면 불가능합니다. 물론 태양의 중력보다 수십 배 강력한 힘으로 원자핵과 전자를 서로 밀면 공간이 줄어들긴 할 겁니다.

몇 보 양보해서, 어찌어찌 성공한다 하더라도 라부아지에의 '질량 보존의 법칙'(간단히 말해 '화학반응 전과 후의 총 질량은 같다'라는 법칙)을 무시할 수가 없습니다.

영화 속 장면을 떠올려볼까요? 핌 교수는 집을 열쇠고리만 한 크기로 줄여서 들고 다니고, 앤트맨은 개미를 타고 돌아다니는데요. 질량 보존의 법칙에 따르면 한 물체의 크기가 일정 비율로 작아지든 커지든 질량은 같아야 하기 때문에 집을 축소하여도 집 자체의 무게는 그대로 유지됩니다. 결국 작아진 집은 현실이라면 너무나 무거워서 들고 다닐 수 없습니다. 또 마찬가지로 사람이 개미 크기만큼 줄어들어도 몸무게는 그대로 유지됩니다. 아무리 개미가 무거운 짐을 잘 든다고는 하지만 60kg이 넘어 보이는 앤트맨을 등에 업고 돌아다닐 수 있을지는 의문입니다.

여기서 또 양보해서 인간은 상상할 수 없는 외계인의 기술로 성공했다고 치더라도? 이번에는 생물학적으로 불가능합니다.

예를 들어 사람의 크기를 1/10로 줄여봅시다. 그럼 사람의 표면적은 약 100분의 1로 줄어들고 부피는 약 1,000분의 1로 줄어들게 됩니다. 으잉? 똑같이 100분의 1로 줄어들어야 하는 것 아니냐고요?

좀 더 쉽게 설명해보겠습니다. 여기 가로세로가 각각 10cm인 정사각형이 있습니다.

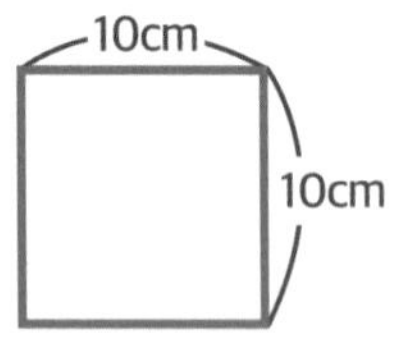

이 사각형의 둘레 길이는 40cm이고 부피는 100cm^2 입니다. 만약 이 사각형이 절반으로 줄어든다면 둘레길이는 20cm이지만 부피는 25cm^{2}으로 더 큰 비율로 줄어들게 됩니다. 사람도 똑같습니다. 이렇게 되면 인간의 피부 면적이 조금 줄어들 때, 인간 몸의 부피는 상대적으로 엄청 줄어들기 때문에 장기의 용량도 확 줄어들게 됩니다. 그러나 원자들 간의 거리가 짧아져 작아진 것이기 때문에 작아지기 이전에 있던 세포 수는 그대로 유지됩니다. 즉, 필요한 에너지와 산소 등은 그대로인데 위가 작아지면서 그만큼 식량을 먹지 못하게 되고, 많은 에너지를 확보하지 못하게 되는 것이죠. 폐의 크기도 줄어들어서 폐활량도 급격히 줄어들고, 숨도 더 빠르게 쉬어야 할 것입니다. 다시 말해 에너지 불균형이 발생합니다. 인간이 거인처럼 커질 경우에는 반대의 현상이 발생하겠죠.

영화처럼 인간의 크기를 자유자재로 줄일 순 없어도 물건들의 크기를 줄였다 늘렸다 할 수 있었으면 정말 좋겠습니다. 영화를 좋아하신다면 〈앤트맨〉 외에도 인간 축소와 관련한 주제를 다룬 영화 〈다운사이징〉을 함께 보시는 것을 추천합니다.

요즘 과학, 더 생생히 즐기자!

앤트맨의 현실 불가능한 3가지

번외 편

현실에서 고질라처럼 거대한 생명체가 나타날 수 있을까?

1954년 영화 〈고지라(고질라)〉가 개봉했습니다. 태평양에서 수많은 수소 핵폭탄과 원자폭탄 실험이 이루어지고, 이로 인해 방사능에 노출된 생명체가 돌연변이를 일으켜 거대한 공룡 형태의 괴물이 탄생한다는 내용입니다. 당시 이 영화에 등장한 괴물 공룡의 키는 50m였는데요(잠실 롯데타워: 555m, 63빌딩: 249m). 2000년대에 들어서 할리우드는 이 괴물 공룡의 키를 106m로 키웁니다. 덕분에 웅장하고 거대한 괴물이 온 도시를 쑥대밭으로 만드는 장면들이 우리의 눈을 즐겁게 만들었죠. 그런데 한 가지 의문이 듭니다. 과연 저렇게 큰 생명체가 현재 지구에 나타날 수 있을까?

수백 년 전, 이런 생각을 갈릴레오 갈릴레이도 하였습니다. 물론 대상이 고질라는 아니었지만 동물이나 나무, 건물의 크기를 무한정 키우면 어떤 일이 벌어질지 의문을 품고 연구를 했다는 점만은 같습니다. 그리고 결론은, 일정한 크기만큼 커지면 더 이상 커질 수 없다는 것입니다. 왜일까요?

간단하게 말하자면 동물의 덩치가 일정 크기 이상으로 커질 경우, 다리가 몸무게를 이기지 못하고 무너지기 때문입니다. 할리우드 영화 속 고질라를 예로 들어 보겠습니다. 영화 속 고질라는 키가 106m, 몸무게는 약 2만 톤입니다. 현재 지구상에서 가장 거대한 생명체인 대왕고래의 몸무게가 약 200톤인데 100배 더 무겁네요.

이론물리학자 제프리 웨스트는, 이런 몸무게를 지탱하기 위해서는 고질라 다리에서 종아리는 지름이 약 18m가 되어야 하고, 허벅지 지름은 30m 정도 되어야 한다고 말합니다. 하체가 상체에 비해 너무 커지니 아마 멀리서 바라보면 다리 위에 바로 머리만 있는 것처럼 보이겠네요. 비정상적인 생명체가 만들어지는 것이죠.

그래도 존재할 수 있다고 생각해봅시다. 이 고질라가 약 2만 톤의 몸무게를 움직이는 데 필요한 에너지는 하루 약 2,000만 칼로리인데요. 식량 무게로 환산하면 약 25톤 정도의 먹이를 먹어야 합니다. 분명 지구에 나타나면 며칠 안 가서 먹을거리가 동나고 스스로 굶어 죽을 것 같습니다. 자, 이런 생명체는 지구에서 살아가기엔 너무 불쌍한 정도기 때문에 애초에 나타나지 않는 것 같습니다.

#01

만약 사막을 테라포밍해 녹지로 만들면?

세계 사막 지도

우리가 살고 있는 이 지구에는 노란빛을 띠는 모래로 가득 찬 사막이 세계 곳곳에 있습니다. 사막은 왜 생기는 것일까요? 우리 인류가 뿜어내고 있는 온실가스 때문이라고 생각할 수 있지만 더 큰 이유는 지구의 대기 순환과 관련되어 있습니다.

적도 지역의 습한 공기는 태양빛으로 데워지면서 상승했다가 다시 식어서 하강하는데, 이때 하강하는 지역이 북위·남위 30도 지점입니다. 사하라 사막, 타르 사막, 모하비 사막, 그레이트오스트레일리아 사막이 위치한 곳이죠. 이 지역은 계속 하강기류가 유지되기 때문에 고기압이 형성되고, 비가 오는 것보다 땅에 있는 물이 증발하는 양이 더 많아서 점점 메말라갑니다. 물이 점점 없어지고 땅은 갈라지면서 식물을 포함한 생명체들은 죽어가죠. 결국 모래만 남은 사막이 되는 겁니다. 이걸 전문용어로 '해들리 순환'이라고 합니다. 영국의 물리학자이자 기상학자인 조지 해들리(George Hadley)가 만든 용어죠.

"잠깐만요! 하강기류가 유지되면 왜 고기압이 되나요?"

A라는 지역과 B라는 지역을 예로 들어 설명해드리겠습니다. A지역의 땅 온도가 높아지면 공기는 가열되면서 위로 상승합니다. 상승기류가 형성되죠. A지표면의 공기가 계속 상승하는 만큼 결국 공기가 빠져나가는 것이기 때문에, A지표면은 주변 지역인 B지역보다 상대적으로 저기압이 됩니다. 저기압이 된 A지표면은 공기가 적기 때문에 B지표면에서 공기가 흘러들어와 채워줍니다. 다시 말해 B지역은 상대적으로 기압이 높은 상태이기 때문에 고기압이 됩니다. 그런데 B지

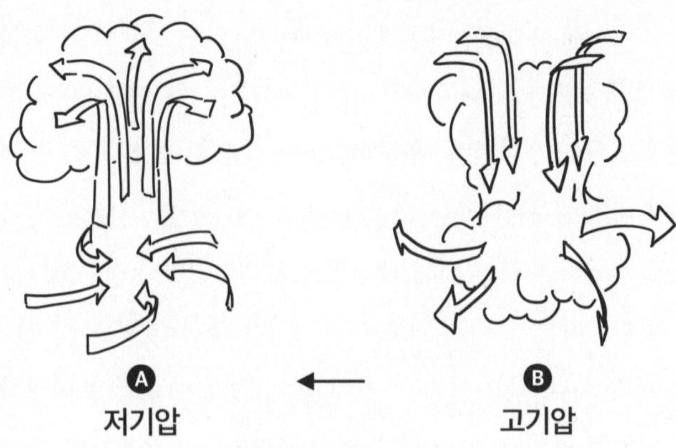

상승기류와 하강기류

표면에서 A지표면으로 공기를 보내주다 보니 이번엔 B지표면의 공기가 부족해지기 시작합니다. 이때 하늘에서 공기가 내려와 부족한 부분을 다시 채워줍니다. 하강기류가 형성되는 것이죠.

자, 그럼 다시 본론으로 돌아옵시다. 앞서 말한 것처럼 북위 30도와 남위 30도 지역에 사막이 생성되었고 앞으로 점점 더 생겨날 예정입니다. 그럼 만약에 이 사막들을 테라포밍 기술을 적용해서 녹지화할 수 있을까요? 만약 가능하다면, 전 세계의 모든 사막을 녹지로 만들었을 때 어떤 일이 발생할까요? 행복한 지구촌이 될까요?

참고로 '테라포밍'이라는 단어는 우주에서 사용하는 용어입니다. 지구가 아닌 다른 행성이나 위성을 지구의 환경과 비슷하게 만들어서 인류가 살아갈 수 있게 만드는 작업을 의미합니다. 아직 이론만 존재할 뿐 (당연히) 실제로 다른 행성에서 성공한 사례는 없습니다. 사막도 인간이 살기에 적합하지 않은 지역이어서 '인간이 살 수 있는 환경을 만든다'는 뜻에서 사막의 녹지화를 테라포밍한다고 말하기도 합니다. 그럼 어떻게 테라포밍하면 될까요?

먼저 사막의 땅속으로 수로관을 만듭니다. 해안에서 물을 끌어와 담수로 만들고 이 물을 사막의 땅속으로 공급하는 것입니다. 만약에 물을 스프링클러처럼 그냥 사막의 땅 위에 뿌리면 물은 금방 증발해 버릴 테니까요. 이어서 수많은 식물을 심는 것입니다. 물론 더위를 잘 이겨내는 식물을 심어야 합니다. 유칼립투스 나무가 제격이겠네요. 사실 이 아이디어는 미국 항공우주국 NASA의 고다드(Goddard) 연구소에서 먼저 나왔습니다. 연구진은 사하라 사막을 녹지화하면 기온이 최대 8℃ 정도 낮아질 수 있다고 했습니다. 그런데 문제는 바닷물을 담수로 만들고, 아프리카 내륙으로 물을 가져오고, 또 수로를 정비하고 운영하는 데 돈이 너무 많이 든다는 것입니다. 하버드대학의 벨퍼 과학 국제문제연구소에서 비용을 대충 계산해보니 1년에 2조 달러, 한국 돈으로 약 2,350조 원이 필요하다고 합니다(2019년 11월 기준).

자, 어쨌든 수많은 돈을 들이붓고 또 수많은 과학자와 관계자의 노력 끝에 노랗던 사막이 점점 녹색으로 변하기 시작했다 칩시다. 특히 지구에서 가장 큰 사막인 아프리카의 사하라 사막이 거의 아마존처럼 변하기 시작했다고 생각해보자고요. 사람들은 이제 사하라 사막의 비옥한 토지로 바뀌고 그곳 거주민들이 농사도 짓고 과일도 풍족히 재배해 먹을 것이라고 생각합니다. 그런데 몇 년 뒤, 속보가 하나 들어옵니다. 브라질에 있는 아마존 지역의 숲이 점점 없어지기 시작했다는 속보입니다. 이게 어찌 된 일일까요?

사실 아마존이 울창했던 이유는 사하라 사막이 존재했기 때문입니다. 아프리카 사하라 사막의 모래와 먼지는 지구의 대기 순환을 따라 바람을 타고 대서양을 건넙니다. 대서양을 건넌 사하라의 모래와 먼지는 남미 지역에 비와 함께 떨어지고, 이걸 남미에 있는 아마존의 울창한 숲속 식물들이 영양분으로 사용하죠. 그래서 지금까지 아마존의 숲이 나무를 포함한 식물들로 빽빽하게 자랐던 것입니다.

사막을 식물이 울창한 숲으로 바꾸면 온실가스인 이산화탄소를 획기적으로 줄일 수 있을 것이고 건조한 땅을 비옥하게 만들 수 있겠지만, 지구 반대편은 피해를 보게 된다는 점, 잊지 말아야겠네요.

요즘 과학, 더 생생히 즐기자!

사막이 녹지가 된다면?

#02

만약 지구 대기의 산소 농도가 2배 높아진다면?

지구의 공기는 질소가 약 78%로 가장 큰 비율을 차지하고 있고, 이어서 산소가 약 20%를 차지, 나머지 2%는 이산화탄소, 아르곤 등의 기체가 차지하고 있죠. 그러나 초창기 지구에는 산소가 없었습니다. 지금으로부터 약 30억 년 전, 단세포 미생물인 시아노박테리아가 나타나 대기 중의 이산화탄소를 마시고 산소를 배출했습니다. 시아노박테리아 입장에서는 산소가 똥인 겁니다. 아무튼 이 시아노박테리아가 뿜어낸 산소가 지구에 점점 쌓여 가면서 지금으로부터 약 5~10억 년 전, 산소를 이용해 살아가는 다세포 생명체들이 나타나기 시작했습니다. 그리고 생명체의 덩치가 커지기 시작했죠. 왜냐하면 산소를 에너지원으로 사용하자 더 많은 에너지를 생산해낼 수 있게 되었기 때문입니다.

이렇게 지구의 대기 구성과 기압이 바뀌고, 부식과 생성을 통해 여러 미량 원소가 나타나고, 또 조그마한 다세포 생명체들이 공생과 경쟁을 통해 진화하면서 지금의 지구 생태계가 완성되었습니다. 자, 이쯤에서 질문으로 돌아가 보죠. 만약 지구 대기에 있는 산소의 비율이 2배 높아져 약 40%가 된다면 어떻게 될까요?

큰 틀에서 보면 많은 것들이 활발해집니다. 좋은 것도 활발해지고 안 좋은 것도 활발해집니다. 무슨 소리냐고요?

앞에서 언급했듯 산소를 에너지원으로 이용하는 생명체들의 크기가 더 커집니다. 지금으로부터 약 3억 년 전 지구의 대기 중 산소 농도는 35%에 육박했는데, 놀랍게도 이 시절에는 곤충을 포함해 거대한 동물들이 넘쳐났습니다. 잠자리는 지금의 매와 크기가 비슷했고, 거미는 지금의 참새만 한 크기였죠.

지금까지의 과학 연구에 따르면, 대부분의 곤충은 저산소인 환경에서는 작은 몸집을 유지했고 산소가 많은 환경에서는 큰 몸집을 유지했다고 합니다. 산소가 적은 환경에서 동물들은 온몸 구석구석에 산소를 효율적으로 보내기 위해 몸은 작게 만들고 기관지를 발달시킵니다. 반대로 산소 농도가 높은 환경에서는 동물들이 몸의 기관(지)을 촘촘하게 만들 필요가 없었습니다. 애초에 산소가 많으면 덜 효율적이어도 된다는 뜻이죠. 따라서 기관지를 공들여 만드는 대신 몸의 다른 부분을 발달시키면서 진화할 수 있게 되는 것입니다.

또한 산소 농도가 2배 높기 때문에 지금보다 더 많은 활동을, 더 많

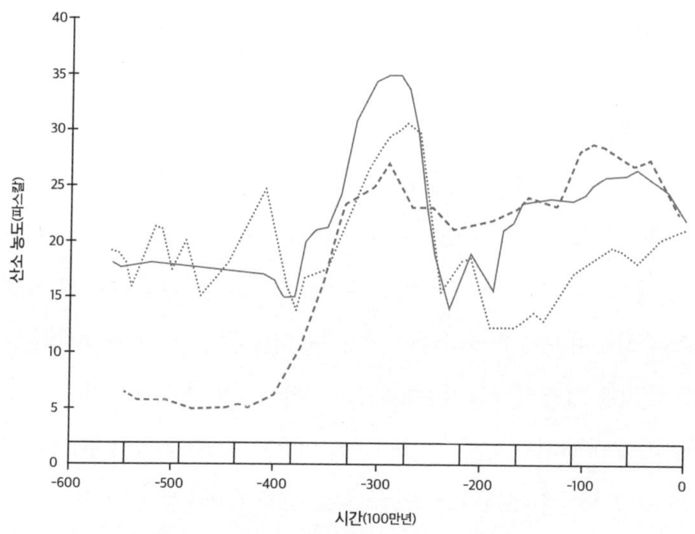

산소 농도 그래프. 실선은 Berner & Canfield의 연구(1989),
원형점선은 Berner의 연구(2006), 짧은선 점선은 Bergman의 연구(2004) 결과다.

이 할 수 있습니다. 우리가 장시간 스포츠 경기를 하면 숨이 가빠지는 이유가 뭘까요? 몸을 움직이는 데 필요한 산소가 점점 부족해져서 빨리 산소를 공급하기 위해서 심장이 빨리 뛰고 호흡도 빨라지는 것입니다. 그런데 산소 농도가 높아지면 그만큼 한 번 호흡하는 데 들어오는 산소의 양이 많아지기 때문에 같은 시간 스포츠 경기를 해도 숨이 덜 가쁘고 덜 지치게 되는 것입니다.

또 산소 농도가 높아지면 생명체가 아닌 것에도 좋은 효과가 생깁니다. 엔진의 연비가 좋아지죠. 대기 중 산소 농도가 2배가 되면 불이 더 잘 붙는 것과 같은 이치입니다(불을 만들 때 산소가 꼭 필요하므로). 산소가 많아져 엔진의 연비가 좋아지면 연료를 적게 사용한 만큼 자동차나 비행기에서 배기가스가 적게 나오게 되니 온실가스 문제가 줄어들긴 하겠네요.

그러나 불이 잘 붙는 만큼 화재도 많이 발생할 겁니다. 산소 농도가 높아질수록 엔진 속에서 연료의 연소가 많아집니다. 연소가 많아지는 만큼 엔진의 온도가 올라가겠죠. 고성능의 냉각장치를 달지 않으면 엔진과열로 화재가 발생하거나 고장 나 버릴 것입니다. 미국의 아폴로 1호 작동 실험 중 심각한 화재가 발생해서 승무원 3명 전원이 화상으로 사망한 사고가 있었습니다. 당시 아폴로 1호는 산소 100%로 채워져 있었고 아주 조그마한 전선의 스파크가 100% 산소를 만나 순식간에 우주선 전체에 불이 붙은 것이었습니다. 해당 장면은 영화 〈퍼스트 맨〉에도 나옵니다.

산소 농도가 높아졌을 때의 안 좋은 점은 이뿐만이 아닙니다. 사실 산소는 무언가를 잘 부식시킵니다. 전문용어로 '산화'라고 하죠. 깎아 놓은 사과가 갈색으로 변하는 것도 산소 때문이고, 철이 녹스는 것도 산소 때문이고, 우리가 늙어가는 것도 산소 때문입니다. '우리가 숨 쉬는 데 필요한 것이 산소인데 산소가 우릴 늙게 한다니…. 뭐 이런 세상이 다 있는 걸까?' 이렇게 생각하시겠지만 사실입니다.

산소 농도의 변화와 관련해 산소를 호흡하는 생명체의 입장에서 따져볼까요? 동물이 산소를 호흡하면 혈관 속 적혈구가 산소를 받고 이동해 세포 속의 미토콘드리아에게 산소를 전해줍니다. 그럼 미토콘

드리아가 산소를 먹고 에너지를 뿜어내는데, 이때 먹다 남긴 산소도 약간 뿜어냅니다. 그런데 그냥 산소가 아닙니다. 먹다 남겨서 그런지 조금 특이한데, 과학자들은 이것을 활성산소라고 부릅니다.

이 활성산소는 아주 활성적이어서 몸속의 다른 물질들과 반응을 잘 합니다. 세균이나 바이러스를 부수고는 하죠. 하지만 몸에 도움 되는 일만 하진 않습니다. 몸속 세포벽을 부수거나 면역세포를 죽이기도 하고, 심지어 유전자를 부수기도 합니다. 물론 몇 년에 걸쳐 아주 미세하게 일어나기 때문에 우리는 천천히 늙고, 심한 병도 자주 걸리지 않죠. 어쨌든 산소 농도가 2배가 되면 그 만큼 더 많은 활성산소가 생겨날 수 있기 때문에 좋은 일만 일어나진 않겠네요.

이 외에도 산소의 농도가 높아지면 기압이 높아져 비행기의 비행이 수월해지고 고산지대에 산소가 늘어난다는 장점이 있습니다. 반대로 적응력이 떨어지는 생명체에게는 산소중독증이 발생할 수도 있죠.

하지만 현실에서는 아주아주 느린 속도로 산소가 줄어들고 있습니다. 반대로 이산화탄소와 메탄가스는 늘어나고 있죠. 강력한 빙하기가 와서 메탄이나 일산화, 이산화탄소 등의 기체가 얼음 속에 묻히지 않는 이상 산소 농도가 급격히 늘어날 일은 없을 것 같습니다.

요즘 과학, 더 생생히 즐기자!

산소가 많아져도 문제?

#03

만약 나무 1조 그루를 심으면 지구온난화를 멈출 수 있을까?

나날이 여름은 예년 여름보다 짜증나게 더워지고, 겨울은 예년 겨울보다 고통스럽게 추워지고 있습니다. 폭우가 오지 않아야 할 시기에 폭우가 오고, 눈이 오지 않아야 할 지역에 눈이 오고 있습니다. 이 모든 현상의 원인을 우리는 지구온난화라고 말하고 있습니다.

지구 전체 역사에서 지구의 기온은 지금보다 높았던 때도 있었고 낮았던 때도 있습니다. 아직 저는 지구 전체의 역사를 놓고 봤을 때는 인간 때문에 지구가 온난해지는 것인지, 아니면 그냥 지구 환경의 자연스러운 변화인 것인지는 모르겠습니다. 대부분의 과학자들은 산업혁명 이후 인간 활동 때문으로 인정하고 있습니다. 그러니 저도 인간의 활동 때문에 지구가 온난해진다는 전제를 깔고 이야기를 해나가 보겠습니다.

기후 변화와 관련된 전 지구적 위험을 평가하고 이에 대한 국제적 대책을 마련하기 위해 세계기상기구(WMO)와 유엔환경계획(UNEP)이 공동으로 설립한 유엔 산하 국제 협의체(IPCC) 보고서에 따르면, 1800년대에 산업혁명이 시작된 이래로 지구 전체의 평균기온은 산업혁명 이전과 비교해 약 1℃ 증가했습니다.

약 1℃가 증가한 지금, 산업혁명 이전과 비교해서 폭염 발생 횟수가 수배 늘었고, 기온에 민감한 바다 생명체와 육지 생명체는 멸종하기 시작했습니다. 그런데 여기서 0.5℃씩 증가할수록 2배씩 더 심각한 현상이 발생한다고 합니다.

만약 지구 전체 평균기온이 산업혁명 이전보다 2℃ 높아진다면 지구상의 거의 모든 산호초가 소멸하고 이어서 물고기 종과 개체 수가 어마어마하게 줄어들게 됩니다. 육지도 문제가 커집니다. 열대지역의 곡물 수확량이 극적으로 줄게 됩니다. 곡물량이 줄어드니까 그만큼 동물의 개체 수와 종도 줄어들게 되겠죠.

영화 〈인터스텔라〉에는 엄청난 병충해로 인해 곡물이 거의 없어지자 마지막 남은 옥수수들을 키우는 모습과, 어느 NASA 비밀 기지에서 과학자들이 식물 종자를 개량하는 모습이 나옵니다. 심각해진 지구온난화 때문이죠.

또 지구의 평균기온이 높아지면 북극에 이어 남극과 시베리아 땅의 영구동토가 녹으면서 해수면이 높아집니다. 우리가 여름마다 느끼는 부산 해운대의 모래사장은 더 이상 볼 수 없게 되겠군요. 또 불어난 바닷물은 기존 해류에 영향을 끼쳐 지구에는 다양한 기후 변화가 생깁니다. 중동과 아프리카에는 함박눈이 내려 화이트 크리스마스를 맞이할 수 있을 것이고, 한겨울의 서울은 베네치아 뺨치는 수상도시가 될 수도 있습니다. 먼 미래에 우주에서 지구를 바라보면 푸른 바다와 노란 사막뿐일지 모릅니다. 어쩌면 시베리아의 얼음이 녹으면서 수 세기 전에 얼음 속에 갇혀 있었던 미지의 바이러스와 가스가 새어 나와 지구 생명체에 위협을 가할지도 모르겠습니다.

전 세계 국가 정상은 지구환경을 보호하기 위해, 사실은 인류를 보호하기 위해 기후협약을 맺었습니다. 2015년 21차 유엔 기후 변화 협약에서 195개국이 합의해 파리기후협약을 체결하게 되죠. 하지만 파리기후협약에 따라 각국이 온실가스를 감축하는 와중에도 현재 10년에 약 0.1~0.2℃씩 지구 평균기온이 오르고 있습니다. 이대로라면 2100년에는 산업혁명 이전과 비교해서 지구의 평균기온이 약 3℃ 높아집니다. 우리의 미래가 너무 암울해지네요.

그런데 만약에 전 세계 사람들이 각자 약 200그루의 나무를 심는다면? 아니 전 세계 국가가 합심해서 지구에 1조 그루의 나무를 심는다면 지구온난화를 막을 수 있지 않을까요?

과학자들이 전 세계 산림 데이터와 위성 이미지로 계산한 결과, 현재 지구에는 약 3조 그루의 나무가 있습니다. 그중 매년 약 100억 그루의 나무가 벌목이나 재해, 기후 변화 등으로 사라지고 있습니다. 물론 인간이 나무를 심기도 하고 기존의 나무들도 번식을 하기 때문에 나무가 없어지기만 하는 것은 아닙니다. 하지만 매년 사라지는 나무가 사라지지 않고 유지된다면 우리가 배출하고 있는 온실가스를 20% 이상 줄일 수 있습니다.

생태학자 토마스 크로우터(Thomas Crowther)는 워싱턴 DC에서 열린 과학진흥협회 발표회에서 "지구에 있는 3조 그루의 나무는 400기가톤의 이산화탄소를 저장하고 있다. 만약 우리가 1조 그루 이상의 나무를 심으면 적어도 10년간은 온실가스 배출량이 완전히 없어질 것이다"라고 발표했습니다. 그럼 10년간 지구 전체 평균기온은 오르지 않겠군요! 그나저나 어디에다 1조 그루의 나무를 심으면 될까요?

토마스 크로우터는 일반 도시나 농업지역 외에 버려진 도시나 버려진 땅에 심으면 충분하다고 말합니다. 또 기후변화 연구가이자 환경 운동가, 책《6도의 멸종》저자인 마크 라이너스는 가축을 방목하면서 황폐화된 토탄지나 대습원 같은 고지대도 나무를 심을 만한 땅에 포함된다고 말합니다. 그런데 여기에는 크게 세 가지 문제점이 있습니다. 바로 돈과 육체노동, 그리고 땅 문제입니다.

일단 돈부터 보겠습니다. 비옥한 토지에 나무를 심는 것은 비용이 많이 들지 않습니다. 나무 종자를 사는 비용과 운송비, 나무를 심는 비용이 들겠죠. 그러나 토양 상태가 아주 안 좋은 곳이거나 거대한 사막에 나무를 심는다면 비용이 천문학적으로 많이 듭니다. 또 사막 등 상태가 좋지 못한 땅에는 나무를 심기만 한다고 끝이 아닙니다. 계속 유지 관리를 해주어야 하죠. 앞의 글〈만약 사막을 테라포밍해 녹지로 만들면?〉에 언급했듯, 여기에는 1년에 약 2조 달러에 달하는 어마어마한 비용이 듭니다.

두 번째 문제점인 육체노동을 봅시다. 말 그대로 육체노동입니다. 엄청 힘들죠. 농부들이 논에 어린 벼를 심는데도 허리가 아픈데 거대한 나무들은 어떨까요? 상상이 되십니까?

그렇지만 다행히도 인류의 과학기술이 나무 심기에 어느 정도 도움을 줄 수 있을 것 같습니다. 캐나다 빅토리아대학교의 두 학생이 나무나 새싹을 심어주는 로봇을 만들었거든요. 가파르게 경사진 곳이나 이동할 수 없을 정도의 오지라면 힘들겠지만 언젠간 지형지물에 구애받지 않고 작업을 할 수 있는 로봇이 나올 것이라 생각합니다.

또 영국의 한 바이오 회사에서는 드론을 이용해서 씨앗을 심는 기술을 개발하고 있습니다. 이들은 드론으로 연간 10억 그루의 나무를 심을 수 있을 것이라 합니다. 현재는 테스트 단계이지만 개발이 완료되고 보급이 완료되면 비교적 쉽게 숲을 복구하고 나무의 수도 늘릴 수 있겠네요.

마지막으로 세 번째 문제! 땅 문제입니다. 실제로 환경 자선단체인 리와일딩 브리튼에서 온실가스 배출량을 줄이기 위해 영국의 광대한 지역을 자연으로 복원할 것을 주장하고 있습니다. 앞서 말한 기후변화 연구가인 마크 라이너스가 영국의 농장 지대를 야생화하면 어떤 일이 벌어질지 연구해보았는데요. 그 결과 영국 땅의 1/4인 600만 헥타르 즉, 약 182억 평의 땅을 숲으로 만들면 영국이 내뿜는 온실가스의 10%를 줄일 수 있다고 합니다. 줄일 수 있는 온실가스의 양이 너무 적다고요? 문제는 이것이 아닙니다. 이 600만 헥타르의 땅 중 많은 부분이 농경지라는 것입니다. 다시 말해 이 땅을 모두 숲으로 만들어버리면 농부들이 농사를 지을 수 없게 되고, 결국 생계를 유지할 수 없게 된다는 것이죠. 그래서 만약 이 프로젝트가 실제로 진행된다면 농사를 지을 수 없는 농부들에게 생계를 유지할 보조금이나 다른 무언가를 지급해야 합니다. 참, 이래저래 돈이 문제군요.

요즘 과학, 더 생생히 즐기자!

나무를 심어 지구온난화를 막다?

#04

만약 쓰레기를 화산 용암에 버리면?

인류는 매년 약 10억 톤의 쓰레기를 배출하고 있습니다. 그럼 누군가는 "쓰레기를 화산의 아주 뜨거운 용암에 버리면 간단히 없앨 수 있지 않나요?"라는 질문을 할 수 있겠죠. 그래서 명쾌하고 간단하게 답해 드리려고 합니다.

수많은 지구의 자연재해 중에 인류 문명에 압도적인 파괴를 불러일으킬 수 있는 재해는 화산 폭발일 것입니다. 우리나라가 있는 한반도 주변의 화산으로는 백두산과 한라산, 울릉도가 있죠. 특히 백두산은 900년대부터 100년에 한 번씩 1900년까지 분화했습니다.

화산이 폭발하면 시커멓고 몸에 안 좋은 화산재들이 날아오릅니다. 동시에 암석이 녹아서 액체처럼 용암이 흘러나오죠. 이 용암의 온도는 약 700~1,200℃ 정도 됩니다. 흘러나온 용암은 주변에 있는 대부분을 녹여버리죠. 이러니 많은 사람들이 소각장에서 쓰레기를 태우지 말고 용암에 버리면 되지 않느냐고 할 만합니다. 그런데 용암에 쓰레기를 버리러 가는 과정은 인간에게 너무 위험하고, 지구 환경에도 좋지 않은 영향을 끼칩니다.

우선 쓰레기를 화산에 버리기로 결정했다 칩시다. 그럼 먼저 사화산이나 휴화산이 아닌 활화산을 찾아야 합니다. 한반도 주변에 있는 울릉도 해저화산은 휴화산입니다. 백두산이나 한라산은 눈에 띄진 않지만 활화산입니다. 일본에는 우리보다 더 많은 화산이 있는데, 그중 활화산으로는 스와노세지마, 아이라, 사쿠라지마가 있습니다. 지구에는 약 1,500개의 크고 작은 잠재적 활화산이 있죠.

그런데 활화산이라고 다 가능한 것은 아닙니다. 그중에서 용암 호수가 있는 곳을 또 찾아야 합니다. 용암 호수란 화산이 폭발할 때 빠져나온 용암이 화산 분화구 안에 고여서 호수처럼 만들어진 것입니다. 문제는 모든 활화산이 아니라 일부 화산들에서만 나타나는 현상이라는 거죠. 어찌 되었든 용암 호수를 찾아냈다고 칩시다. 또 문제가 있습니다. 화산은 말 그대로 산, 너무 높죠. 그리고 사람이 자주 가지 않는 지역에 있다 보니 교통 인프라가 제대로 갖춰져 있지 않습니다. 그래서 쓰레기 매립장에서 용암 호수가 있는 활화산까지 헬리콥터를 이용해 쓰레기를 날라야 할 것입니다. 역시 돈이 듭니다.

뭐 또 어찌 되었든 헬기에 쓰레기를 가득 실어 용암 호수에 도착했습니다. 이제 용암에 정확하게 투하할 시간입니다.

"3, 2, 1, 투하! … 파지직 … 펑!"

"메이데이 메이데이, 위알 고잉 다운!(we are going down!) 메이데이"

"펑! (헬기 추락)"

어떤 상황인 것 같나요? 쓰레기를 용암에 투하하자마자 용암이 굉장한 소리를 내면서 타오르더니, 갑자기 폭발하듯이 분출했습니다. 폭발과 함께 고압가스와 용암이 헬기가 있는 곳까지 날아올라서 헬기는 조종 불능 상태에 빠졌습니다. 그리고 화산 어딘가에 추락했습니다. 물론 이건 최악의 시나리오입니다. 그러나 가능성은 높습니다.

일단 용암은 그냥 뜨거운 물이 아닙니다. 극도로 높은 온도에 엄청난 점성을 가지고 있습니다. 그러다 보니 내부에는 엄청난 압력이 잡혀 있고, 주변의 암석을 녹이면서 생긴 유독한 고압가스도 같이 있습니다. 이때 우리가 쓰레기를 집어넣기 시작하면 쓰레기가 타면서 가스와 반응해 연쇄 폭발을 일으킬 수 있습니다. 그럼 용암 호수가 정말 불안정해질 것이고 내부의 압력은 용암 바깥으로 뿜어져 나갈 것입니다. 그렇게 용암이 분출되고 쓰레기를 버리러 간 사람들은 위험해지겠죠. 유튜브에 검색해보면 용암에 쓰레기를 버리는 해외 실험 영상들이 많이 있습니다. 하나같이 모두 폭발하죠.

문제는 여기서 끝이 아닙니다. 한두 개의 쓰레기는 몰라도 수백 킬로그램, 수천 킬로그램의 쓰레기를 투하하다 보면, 쓰레기가 타면서 생긴 유독가스와 용암 분출물이 계속해서 주변으로 날아갈 것이고, 이렇게 되면 주변 환경과 생태계가 조금씩 파괴될 것입니다. 최악에는 이것이 나비효과가 되어서 거대한 화산 폭발로 이어질지도 모르겠네요.

이쯤 되니 차라리 쓰레기는 소각장에서 안전하게 정량으로 소각하는 것이 나을 것 같습니다. 소각장에서 쓰레기를 태우면서 생긴 열에너지를 다른 곳에서 새로운 에너지원으로 사용할 수도 있으니까요. 또 배출되는 가스는 잘 정화해서 내보내면 화산에서 태우는 것보다 대기오염을 줄일 수 있습니다.

요즘 과학, 더 생생히 즐기자!

만약 쓰레기를 백두산 용암에 버리면?

지구 너머 더 큰 세계가 궁금해

우주에 쏘아 올린 유쾌한 질문

WHY

우주인이 우주에서 사망하면 어떻게 처리할까?

1961년 인류가 최초로 우주비행을 한 이후로 이때까지 수많은 우주인들이 사고로 목숨을 잃었습니다. 보통 우주선을 발사할 때나 우주선이 대기권을 재진입할 때 폭발 사고가 발생하는데요. 만약에 우주에서 우주선으로 미션을 수행하던 중에 또는 우주정거장에서 활동 중에 우주인이 사망하게 되면 사체를 어떻게 처리할까요?

우주에서 미션을 수행하던 중 돌발 상황으로 심각한 사고가 발생하는 내용을 다룬 영화 〈그래비티〉를 보신 분들 있으신가요? 우주에서 인명 사고가 발생할 수 있는 가장 높은 시나리오는 영화에서처럼 '우주 유영'에 있습니다. 예상치 못하게 날아온 작은 유성이나 우주쓰레기들이 우주인과 우주선에 충돌하는 상황이죠. 만약 진짜로 우주인이 우주 공간에서 유영 중에 있을 때 사고를 당해 우주복이 모조리 찢어지면 어떻게 될까요? 많은 사람들은 기압 차이가 커서 사람 몸이 터질 것이라고 생각합니다. 과연 그럴까요?

진공상태에서 우리 몸은 어떻게 될까

1950년에 NASA는 생명체가 진공상태에서 어떻게 되는지 알아보기 위해 침팬지와 개로 실험을 했습니다. 이 동물들은 60초간 정상적으로 움직였다고 합니다. 또한 진공상태에서 훈련하던 우주인의 우주복이 찢어진 적이 있는데 15초 정도 진공상태였지만 큰 문제는 없었다고 합니다. 사실 이 우주복 사고는 단순히 진공상태만 유지하는 훈련장에서 벌어진 일이기 때문에 별 문제가 없었습니다.

하지만 만약 우주였다면 이야기가 달라집니다. 우주 환경에서 위협이 되는 것은 진공과 무중력뿐만이 아닙니다. 태양도 엄청난 위협 요소가 됩니다. 지구에서는 오존층이 강력한 자외선과 강력한 온도를 막아주지만 우주에서는 태양의 자외선과 열이 그대로 전해지기 때문입니다. 따라서 태양이 있는 우주에서 우주복이 찢기고 헬멧이 깨지는 순간이라면, 입과 코를 통해 우리 몸 안의 수분이 빠르게 빠져나갈 겁니다. 코와 연결된 폐는 찌그러들겠죠. 이어서 혈액과 체액 속에 있는 산소와 질소 등이 끓기 시작하면서 혈액의 이동을 막습니다. 흔히 말하는 잠수병(감압증)이 발생하는 것입니다. 15초가 지나면 혈액을 통한 산소 공급이 되지 않아 의식을 잃게 됩니다. 그리고 2~3분 뒤에는 질식하여 사망하게 됩니다.

사망한 우주인을 어떻게 처리해야 할까

현재 국제우주정거장과 우주왕복선에서 작전을 수행하는 우주인들은 우주에서 긴급 상황 발생 시 사람의 생명을 구하기 위한 의료 훈련은 받았으나, 사망한 우주인을 처리하는 훈련은 받아본 적이 없다고 합니다. 아직 NASA에서도 우주에서의 우주인 사망 대책을 마련하지 않았는데 실제 사고가 발생하면 우주정거장 사령관이나 우주선 사령관의 판단에 따라 처리될 가능성이 높습니다.

캐나다 출신의 국제우주정거장 전 사령관인 크리스 헤드필드는 본인이 명령을 내린다면 우선 우주복에 시체를 보관할 것이라 말합니다. 시체 보관 가방이 따로 없기 때문이죠. 우주복은 밀폐되어 있어 사체가 부패해도 악취가 나지 않습니다.

또 우주정거장에서 가장 온도가 낮은 장소에 보관하는 게 좋겠죠. 민간에서는 사체를 초저온으로 냉동한 뒤 입자 크기로 분해하여 매장하는, 화장이 아닌 빙장법을 고안해냈습니다. 한편 바다에 시신을 묻는 수장처럼 우주에 장례를 치르는 법도 나왔지만 UN 우주 규정인 우주환경 오염 방지법에 저촉될 가능성이 있어 아직 제대로 된 처리법이라 볼 수는 없습니다.

영화 〈그래비티〉에서는 살아남은 우주인들이 지구 대기권으로 추락하는 고장 난 우주선에 죽은 동료들을 매달아 두는 장면이 나옵니다. 대기권에 진입하면 모두 불타 없어지겠죠. 부패하고 있는 시체가 우주에 떠다니지 않게 하면서 화장을 하는 방법인데 지구와 교신이 되지 않는 상황에서 한 적절한 판단이었던 것 같습니다.

스페이스X의 일론 머스크와 NASA의 국장은 곧 화성으로의 유인 탐사 프로젝트가 시행될 것이라고 말합니다. 만약 화성 탐사 도중 우주인 사망사고가 발생할 경우 어떻게 하면 좋을까요?

앞에서 언급했던 크리스 헤드필드는 이 경우 사망자를 화성에 묻고 지구로는 귀환시키지 않을 것이라고 말합니다. 화성에서 지구로 오는 데 상당 시간이 걸려 복귀 도중 사체의 부패로 다른 우주인이 감염될 수 있기 때문이죠.

아직까지는 우주에서의 경험이 많지 않아 제대로 된 해법이 제시되지는 않고 있는 것 같습니다. 하지만 이제는 제대로 논의해야 할 때죠. 여러분은 어떤 방법이 좋을 것이라 생각하십니까?

요즘 과학, 더 생생히 즐기자!

만약 우주에서 사망한다면?

번외 편

두 번의 우주왕복선 사고

1986년 1월 28일 발사된 챌린저호는 열 번째 비행에 나선 참이었습니다. 그러나 발사의 환호도 잠시, 하늘에서 공중분해되어 7명의 우주인이 사망하게 됩니다. 왜 이런 사고가 발생하게 된 것일까요?

1972년 미국 닉슨 대통령은 아폴로 프로그램 이후 NASA의 새로운 우주 수송 시스템인 우주왕복선 프로그램을 승인했습니다. NASA는 재사용 가능하고, 공군이 원하는 스파이 위성을 몰래 보낼 수 있으며, 지구 복귀 시에도 바다에 빠지지 않고 원하는 기지에 착륙할 수 있는 형태인 우주왕복선을 만들기로 했습니다. 그리하여 1977년 미국 테스트용이자 최초의 우주왕복선인 엔터프라이즈호가 탄생합니다.

성공적으로 엔터프라이즈호가 만들어지고, 이어서 챌린저호 제작이 완료되었습니다. 미국은 하루라도 빨리, 한 대라도 더 우주선을 우주로 보내기 위해서 본래 테스트용으로 만들어진 챌린저호를 개조하였습니다.

챌린저호가 개조되고 있는 사이, 제작이 완료된 컬럼비아호가 1981년 4월 12일 우주왕복선 최초로 '실제' 우주에 나가게 됩니다. 이후 드디어 개조가 완료된 챌린저호와 새로 만들어진 디스커버리호가 각각 우주로 나가며 미국 우주인들은 5년간 20번의 우주왕복을 하게 되는데요. 그렇게 1년에 4번 정기 우주행 티켓(?)을 사용하던 NASA에 비극이 찾아옵니다.

1986년 1월 28일 영하의 추운 겨울. 챌린저호가 발사 73초 만에 공중에서 폭파합니다. 당시 기술자들은 성급한 발사를 만류했지만 최초로 민간인을 태워 우주로 보내는 이벤트를 하려 했던 NASA는 발사를 강행했고, 결국 민간인 교사였던 매컬리프와 함께 유능한 우주인들이 사망하게 되었습니다. 고체로켓

부스터의 상단과 하단을 연결하는 고무링(O-ring)이 영하의 날씨에 탄성을 잃어 부서진 것이 원인이었습니다. 고무링이 부서지면서 부스터의 상단과 하단을 연결한 틈 사이로 엄청나게 뜨거운 연소 가스가 새어 나왔고, 이 가스의 열기가 바로 옆에 부착되어 있던 커다란 연료통을 가열시켜 결국 폭발한 것입니다.

예상했던 대로 백악관은 분노했고 모든 우주왕복선 프로그램은 중단되었습니다. NASA는 대대적으로 조직문화 개편과 우주 프로그램을 수정했으며, 특히 문제가 됐던 고체연료 부스터도 개량했고 안전규정도 강화했습니다. 기존에는 원가 절감을 위해 설치하지 않았던 우주비행사들의 비상탈출을 위한 낙하산과 생존 장치도 장착했습니다. 그리하여 중단 2년 8개월 만에 우주왕복선 프로그램은 재개되었고, 사고 이후 약 21년 만인 2007년에 새로 제작된 엔데버호에 민간인이 탑승하여 우주로 나가게 됩니다.

놀랍게도 이 민간인은 챌린저호 사고 때 목숨을 잃은 매컬리프의 제자였던 예비 우주인 바바라 모건이었습니다. 다행히도 모건은 매컬리프가 못 이룬 우주여행과 우주 수업의 꿈을 대신 이루었습니다. 이후 미국 클린턴 대통령이 국제우주정거장 프로젝트를 추진하면서 NASA는 엔데버호를 이용해 1998년 12월 10일, 국제우주정거장의 첫 번째 미국 모듈인 '유니티'를 우주로 보내는데 성공했습니다. 이때 미리 도착해 있던 러시아 모듈인 자르야와 결합해 국제우주정거장이 탄생하게 되었습니다. 물 흐르듯 모든 것이 잘 풀리는 것도 잠시, NASA에 다시 한번 비극이 찾아옵니다.

2003년, 우주왕복선 컬럼비아호가 우주에서 실험을 하고 지구로 복귀하던 중 지구 대기권에서 폭발합니다. 출발 직후 연료탱크에서 떨어져 나간 타일이 우주왕복선 날개에 손상을 주었고, 대기권 재진입 때 엄청난 열기가 날개의 손상된 부분으로 들어와 날개 구조물이 녹아내린 것이 원인이었습니다. 이번에도 모든 우주왕복선 프로그램이 잠정 중단되었습니다.

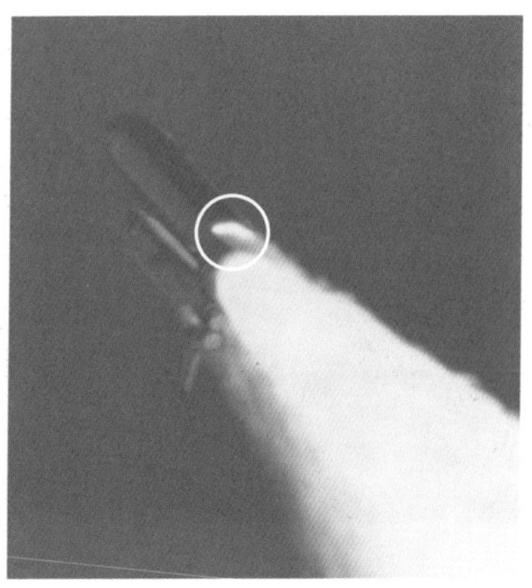

NASA의 챌린저호 사고 리포트 속 사진
표시된 곳이 고체 연료 부스터의 고무링이 위치한 곳이다.
고무링이 완전히 파손되고 틈새로 연소 가스들이 새어 나오는 모습이다. © NASA

이미 발사 단계에서부터 고무링이 위치한 부분에 문제가 있음을 알 수 있다.
우측 하단을 보면 고무링이 타면서 검은 연기가 나오는 모습이 보인다. © NASA

챌린저호의 폭발 직후 © NASA

'얼마 지나지 않아 다시 우주왕복선 프로그램이 재개되겠지!'라고 생각했지만 미국 부시 대통령은 컬럼비아호 사고를 추모하면서 '새로운 우주선으로 새로운 목표를 추구할 것'이라고 발표합니다. 이와 함께 2011년 7월, 우주왕복선 아틀란티스호의 미션을 마지막으로 다사다난했던 우주왕복선 프로그램이 종료되었습니다.

두 번의 대형 참사가 있었지만, 포기하지 않은 끝에 결국 국제우주정거장이 성공적으로 건설되었습니다. 이로써 우주를 향한 인류의 꿈이 현실에 한 발짝 더 가까워질 수 있었는데요. 우주왕복선이 앞으로 개발될 우주선을 통한 화성 이주 프로젝트와 우주인의 안전한 우주 미션에 도움을 줄 것을 기대합니다.

14년이나 화성에 산 로봇이 있다?

인류가 진행해온 행성 탐사 프로젝트 중 가장 성공적인 프로그램은 무엇일까요? 바로 '화성 탐사 프로젝트'입니다. 화성 탐사선인 스피릿과 오퍼튜니티 로보가 화성 기준 90일간의 예상 임무 시간을 넘어 각각 7년과 14년 동안 인류에게 무궁무진한 데이터를 선물했거든요. 하지만 이 긴 시간 동안 탐사가 순조로웠던 것만은 아닙니다.

2003년 6월, NASA는 두 대의 화성 탐사선, 스피릿과 오퍼튜니티를 발사합니다. 이 둘은 쌍둥이 탐사선으로 화성에 물이 흘렀던 흔적을 찾으러 떠났죠. 스피릿이 먼저 화성에 착륙했고 이후 오퍼튜니티가 스피릿의 정반대쪽에 착륙했습니다.

역경 속에서도 임무를 수행한 스피릿과 오퍼튜니티

착륙 며칠 뒤 스피릿의 플래시 메모리에 에러가 발생했고 2일간은 통신이 제대로 이루어지지 않았습니다. 스피릿은 하드웨어든 소프트웨어든 문제가 생기면 자동으로 재부팅하는 시스템을 가지고 있었지만, 메모리 상의 문제로 무한 재부팅 버그가 발생했습니다. 하지만 NASA 연구원들은 몇 번의 점검 끝에 문제 상황을 확인, 원격으로 포맷한 뒤 수정 버전을 재설치합니다. 이로써 정상 작동됩니다.

수많은 화성의 풍경을 찍어 보내고 암석들을 분석해 데이터를 보내던 스피릿은 2009년, 모래가 많은 부분에 바퀴가 빠져 더 이상 움직이지 못하는 상황이 되었습니다. 화성의 모래는 지구의 모래와 달리 철 황산염으로 이루어져 있어 가루 입자가 아주아주 곱습니다. 따라서 마찰력도 낮았죠. NASA 연구원들은 연구실에 똑같은 환경을 만들어 탐사선이 빠져나올 수 있는 여러 가지 방법을 시도했지만 결국 성공하지 못했습니다. 하지만 스피릿은 이동을 멈춘 채로도 여러 가지 실험 데이터를 지구로 보내왔습니다. 그리고 약 1년 뒤, 태양 패널에 먼지가 많이 쌓여 충분한 전력을 얻지 못한 스피릿은 '작동 불가'라는 메시지를 남긴 채 통신이 두절되었습니다.

한편 스피릿의 반대쪽에 착륙한 오퍼튜니티도 착륙 후 비슷한 위험에 빠졌습니다. 고운 모래가 많은 곳에 예상치 못하게 빠졌지만 NASA 연구원들의 컨트롤로 운 좋게 빠져나왔습니다. 이후에도 로봇 팔에 오류가 발생하거나 화성의 먼지가 태양 패널에 쌓여 전력이

50% 가까이 낮아지기도 했습니다(그러나 다행히 바람이 불면서 쌓여 있던 먼지를 날려 전력은 다시 복구되었습니다).

화성에서 발견한 생명의 흔적?

오퍼튜니티는 착륙하자마자 물의 흔적으로 추정되는 것들을 발견했습니다. 물에 의해 생성되는 퇴적암을 발견했고, 몇몇 암석에서는 가로로 된 물결 흔적과 여러 미네랄을 발견했죠. 오퍼튜니티는 계획된 90일 동안 화성을 돌아다니면서 열심히 물의 흔적을 찾았습니다. 하지만 기간 내에 완벽한 물의 흔적을 찾지는 못했습니다.

그렇게 90일이 지나고 설계 수명을 넘어 계속해서 화성을 돌아다니던 오퍼튜니티는 2011년, NASA를 뒤집어놓을 한 장의 사진을 보냅니다. 바로 화성 엔데버 크레터에 있는 물이 흘렀던 흔적이었죠(체스터 레이크라 부름). 여기서 발견된 성분 중에는 물이 있거나 아주 습한 경우 생성되는 것들이 많았습니다. 이 말은 아주 오랜 과거에 화성에 미생물이 살았을 가능성이 높다는 뜻이 됩니다.

추가 탐사를 하러 떠난 오퍼튜니티는 지구 시각으로 2018년 6월 화성의 강한 모래폭풍을 만나고, 태양 패널에 모래가 쌓인 오퍼튜니티는 지구로 메시지를 보냅니다.

"배터리 부족! 어두워지고 있음(My battery is low and it's getting dark)."

시간이 지나면 바람에 모래나 먼지가 날려 다시 태양 패널로 전력이 복구될 것이라 생각했지만 6달 이상 교신에 실패했고, 결국 오퍼튜

화성 모래폭풍 이후, 인내의 협곡에서 통신이 두절된 오퍼튜니티를 촬영한 사진.
이 계곡은 엔데버 분화구 옆에 있다. © NASA/JPL-Caltech/Univ. of Arizona

니티의 임무는 종료되었습니다.

스피릿과 오퍼튜니티가 탐사를 진행하는 동안 큐리오시티와 인사이트호도 화성에 착륙합니다. 현재 미생물을 포함한 여러 종류의 생명체 흔적을 찾고 있죠. NASA의 2020로버와 유럽우주국의 엑소 화성 탐사선도 각각 2020년에 발사될 예정입니다. 이 탐사선들은 첨단 실험 장비를 가지고 가서 생명체의 흔적을 찾을 것이고, 화성의 대기에서 90%를 차지하는 이산화탄소에서 산소를 추출하는 실험도 진행한다고 합니다. 2030년경 인간이 화성으로 갈 때를 대비한 것이죠.

화성 탐사선은 어떻게 화성에 착륙했을까?

화성에 착륙하기 위해서는 수천 가지의 단계를 거쳐야 합니다. 그리고 착륙에 완전히 성공하려면 모든 절차가 1초의 오차도 없이 완벽해야 하죠.

지구에서 발사된 인사이트호가 화성으로 향하는 동안, 크루즈 스테이지라 불리는 탐사선 동력 공급장치가 우주센터와 교신을 해왔습니다. 태양전지판은 태양을 향하고 안테나는 지구를 향한 채로 말이죠.

드디어 화성 대기권에 도착하고 크루즈 스테이지가 분리됩니다. 그리고 탐사선 모듈은 스스로 대기를 바라보게 자세를 잡습니다. 이때부터 모험의 시작이죠. 탐사선 모듈은 시속 2만 km로 대기권에 진입합니다. 이때 방열판의 온도는 1,000℃까지 올라가는데 약간의 자세 불안정에도 폭발해버릴 겁니다.

화성 탐사선 인사이트호(오른쪽)에서 크루즈 스테이지(왼쪽)가 분리되고 있다. © NASA/JPL-Caltech

낙하산이 펼쳐진 인사이트호 © NASA/JPL-Caltech

대기권 진입에 성공하고 화성 표면으로부터 16km 상공에 도달하면 낙하산이 펼쳐집니다. 많은 분들이 화성은 진공이라고 생각하는데 달과 달리 화성에는 낙하산으로 속도를 줄일 만큼의 대기가 있습니다.

낙하산이 펼쳐지고 15초 뒤 방열판은 분리됩니다. 방열판이 분리되고 10초 뒤 3개의 다리가 나옵니다. 그리고 1분 뒤 착륙 유도용 전파를 쏘며 화성 표면에서 1km 상공에 도달하면 백쉘이라 불리는 낙하장치를 분리하고 착륙용 엔진이 점화됩니다.

그리고 화성 표면에 착륙하는 순간 바로 엔진은 꺼집니다. 조금이라도 엔진이 켜져 있으면 탐사선은 뒤집어집니다. 이 모든 작업이 0.1초의 딜레이 없이 작동되어야 폭발하지 않죠.

지금까지 미국, 유럽, 중국의 11개 화성 탐사선이 착륙을 시도했고

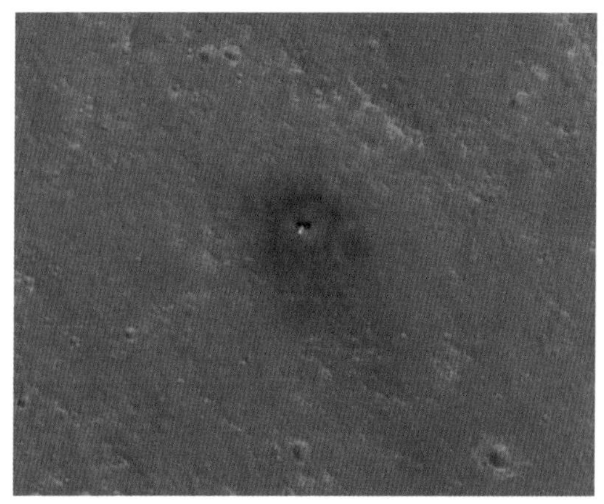

화성에 착륙한 인사이트호의 실사 © NASA/JPL-Caltech/University of Arizona

그중 7대의 미국 화성 탐사선이 착륙에 성공하여 인류에게 수많은 정보를 제공해주고 있습니다. 이제 인사이트호는 화성의 땅속에 장비를 설치하고 화성 핵의 열을 측정하여 화성이 살아 있는 행성인지 죽은 행성인지 그리고 수명은 얼마나 되었는지 등 그간 알지 못했던 화성의 새로운 과학적·역사적 사실을 우리에게 알려주겠군요. 지구과학 교과서의 개정이 있기를 바라며 NASA 연구원들에게 박수를 보냅니다.

요즘 과학, 더 생생히 즐기자!

삭막한 죽음의 땅에서 인류를 위해 산 로봇?

화성에서 우리 목소리는 바뀐다?

영화 〈마션〉 보셨나요? 내용을 간략히 정리하면 이렇습니다. 가까운 미래에 화성을 탐사하고 조사하기 위해 몇몇 과학자들이 화성으로 갑니다. 이들은 일정 기간 동안 화성에 거주하면서 샘플을 찾고 분석하죠. 그런데 예기치 못한 화성의 강력한 폭풍 때문에 주인공인 '마크 와트니'와의 연락이 끊깁니다. 나머지 대원들은 지구로 조기 복귀하기로 결정하죠. 그런데 알고 봤더니 마크 와트니는 잠시 기절했던 것뿐 살아 있었습니다. 이렇게 시작된 영화는 NASA의 마크 와트니 구출작전과 그의 화성 생존기를 주제로 전개됩니다.

그런데 여기서 한 가지 의문점이 생깁니다. 지구와 자연환경이 다른 화성에서도 바람 소리, 도구가 부딪히는 소리 등 지구에서 들리던 소리가 그대로 들릴까요?

12월의 어느 날, 홀로 화성의 토양을 연구하던 인사이트호가 무언가를 감지합니다. 바로 화성에서 들리는 소리였습니다.

화성 탐사선 인사이트호가 전송한 화성의 소리가 궁금하다면 QR코드를 찍어보세요.

인사이트호가 전해온 소리는 화성의 바람 소리입니다. 바람이 탐사선의 태양 패널을 스치면서 진동했고, 그것이 탐사선에 탑재된 아주아주 민감한 지진계를 건드려서 발생한 소리였습니다. 그래서 그 소리를 인간이 들을 수 있는 주파수로 변경했더니 이런 소리가 났습니다.

어떤가요? 신기한가요? 아마 지구에서 여러분이 듣는 바람 소리와 조금은 다른 것 같다고 느껴지실 겁니다. 왜일까요?

화성은 지구와 대기 조건이 다릅니다. 지구의 대기에는 질소 78%, 산소 21%, 아르곤 0.9%, 이산화탄소 0.03%, 그리고 미량의 다른 물질이 있습니다.

반면에 화성은 우선 대기압이 0.006기압으로 지구의 약 0.75%입니다. 화성 대기의 구성을 살펴보면 이산화탄소가 95%이고 질소가 3%, 아르곤이 1.6% 그리고 미량의 산소와 다른 물질들이 있습니다. 이렇게 공기 구성이 서로 다르기 때문에 영화에서 들리는 행성 소리처럼 지구에서나 들을 수 있는 자연의 소리 그대로 들리진 않을 겁니다.

대기의 구성 성분과 상태에 따른 소리의 변화를 연구한 다음 표를 봅시다. 우선 소리는 공기나 물 같은 매질의 진동을 통해 전달되는 파동입니다. 평상시에 우리가 귀로 듣는 소리는 공기가 진동하면서 생긴 파동을 귀가 감지하는 것이죠.

표에 따르면 같은 온도에서도 기체의 구성 성분이 다르면 음속이 달라지는 것을 확인할 수 있습니다. 같은 온도라고 해도 기체의 종류에 따라 분자의 질량이 다르기 때문이죠. 또 가벼운 기체일수록 운동 속도가 빠릅니다. 우리가 헬륨을 마시고 말하면 목소리가 바뀌는 것도 헬륨이 기존에 우리가 들이마신 공기보다 가벼워서 진동수가 많고 음속이 빠르기 때문입니다. 따라서 화성에서의 바람 소리는 지구에서 우리가 듣는 바람 소리와는 다를 수밖에 없습니다.

	물질(매질)	음속(m/s)
기체(20℃)	공기	344
	헬륨	1005
	이산화탄소	266
액체	담수	1440
	해수	1560
	수온	1460
고체	알루미늄	6400
	강철	6100
	동	3600
	유리	4900-5800
	목재	3500-5000

매질에 따른 소리의 전파 속도. Berg and Brill(2005)

여러분들이 만약 화성으로 가게 된다면 화성에서 들려오는 자연 소리를 듣고 저에게 메일을 보내주시기 바랍니다. 음, 50년 뒤에는 가능하겠죠?

요즘 과학, 더 생생히 즐기자!

우주영화 속 화성의 소리는 잘못되었다?

지구로 날아오는 소행성, 인류의 힘으로 막을 수 있을까?

여기, 뉴욕시 절반 정도의 크기인 한 운석이 지구로 날아가고 있습니다. 이 운석은 대서양에 충돌하고 미국 동부와 서유럽, 서아프리카를 박살 냅니다.

위 내용은 1998년에 개봉한 운석 충돌 재난 영화 〈딥 임팩트〉의 한 장면입니다. 영화처럼 거대한 운석이 실제로 지구에 충돌할 일이 있을까요? 미래에 충돌이 있을지는 아직 모르지만 과거에는 이미 지구가 겪었던 일입니다. 대략 6천 5백만 년 전, 티라노사우루스렉스와 랩터가 뛰어놀던 어느 날 지름이 10km나 되는 거대한 소행성이 지구에 충돌했습니다. 비교하자면 서울의 강북 크기 정도 됩니다. 소행성은 충돌 직후 어마어마한 쓰나미와 마그마를 만들어냈고, 폭발로 생긴 엄청난 양의 먼지가 대기를 뒤덮으면서 햇빛을 차단했습니다.

그 결과 28도였던 당시 지구의 평균기온은 11도로 급락했고 1년 반 이상 식물들은 광합성을 하지 못했으며, 지구 생명체의 4분의 3이 멸종했습니다. 이것을 우리는 다섯 번째 대멸종이라 부릅니다.

다섯 번째 대멸종 이후에도 크고 작은 운석이 지구에 떨어졌습니다. 하지만 지구적인 재난 상황을 만들 만큼 크지 않았기 때문에 인간을 포함한 동물들이 지금까지 살아갈 수 있었습니다.

자, 그럼 질문을 조금 바꿔보겠습니다. 영화 〈딥 임팩트〉처럼 큰 운석은 아니더라도 앞으로 지구에 위협이 되는 운석이 날아올 수 있을까요?

네, 있습니다. 미국 NASA는 수십 년 전부터 지구에 위협이 되는 소행성들을 추적해왔습니다. 우리는 이 소행성들을 지구 근접 소행성이라고 부릅니다(Near Earth Objedts: NEOs). NASA의 발표에 따르면 2018년에는 약 400개의 운석이 지구를 스쳐 지나갔고 2017년에는 약 860개의 운석이 지구를 지나쳤다고 합니다. 이때 발견된 운석들은 지

또 소행성이 지구에 충돌하면
여섯 번째 대멸종이?

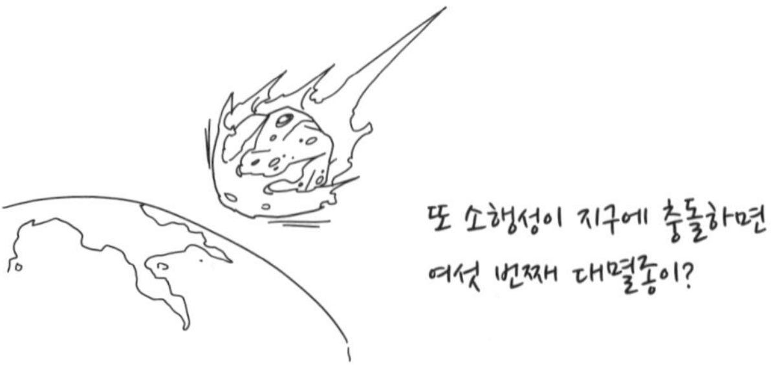

름이 1km 내외이기 때문에 이보다 더 작은 운석까지 찾으면 그 수는 엄청나게 늘어납니다.

그럼 NASA에서 추적하고 있는 운석 중에 가까운 시일 내에 지구를 향해 날아오는 운석은 뭘까요? 그 운석은 바로 '아포피스'라고 불리는 소행성입니다. 지름 약 390m인 이 소행성은 2004년에 최초로 발견되었는데 지구와 화성 사이를 왔다 갔다 하면서 타원형 궤도로 태양 주위를 6~7년에 한 번씩 공전합니다. 서로 공전 궤도가 조금씩 다르고 공전 속도도 다르기 때문에 지구와 만날 일이 거의 없지만, 2029년 4월 13일쯤에는 지구의 공전 궤도와 아포피스의 공전 궤도가 거의 일치하게 됩니다. 다른 말로 충돌 가능성이 있다는 얘기죠. 만약에 이 소행성이 지구에 충돌한다면 어떻게 될까요?

지구에 충돌 직전인 소행성을 막는 방법

NASA 시뮬레이션 결과, 이 소행성이 대서양에 충돌하면 17m의 거대한 해일이 미국 동부를 덮칠 것이고, 대륙에 떨어진다면 히로시마 원자폭탄의 10만 배에 달하는 충격을 줄 것이라고 합니다. 이 정도의 폭발력이면 대지진이 일어나고 대기오염과 함께 지구의 온도도 바뀌게 됩니다. 아포피스가 유럽에 떨어지든 미국에 떨어지든 바다에 떨어지든, 분명 지구에는 엄청난 악영향을 미칠 것입니다. 여섯 번째 대멸종이 되진 않겠지만 인간이 살기에 적합하지 않은 환경이 될 것이 뻔합니다. 그렇다면 소행성 아포피스를 막을 방법은 없는 것일까요?

흔히들 지구로 날아오는 소행성을 막는 방법으로 핵미사일을 쏘아서 운석을 부수거나, 우주선을 타고 소행성으로 날아가 폭탄을 설치하고 폭파하는 방법을 많이 생각할 것입니다. 영화 〈딥 임팩트〉와 〈아마겟돈〉에서도 같은 방식으로 소행성을 폭파시키죠. 그런데 행성과학 전문지 〈이카루스〉에 한 편의 연구 자료가 올라왔습니다. 미국 존스홉킨스대학교 기계공학과 찰스 엘 미르(Charles El Mir)박사가 이끌고 홉킨스 익스트림 재료연구소(HEMI)의 KT 라메시(KT Rameh)소장과 메릴랜드대학교 연구팀이 진행한 연구인데, 이들의 '소행성 지구 충돌 시뮬레이션' 연구에 따르면 소행성이 크면 클수록 핵을 쏘아도 별 의미가 없다고 합니다. 여러 소행성 탐사선이 가져온 정보를 토대로 시뮬레이션을 해본 결과, 우리가 이전에 생각했던 것보다 소행성들이 엄청 단단하기 때문에 몇 발의 핵폭탄으로는 어림도 없었던 것이죠. 어찌어찌 수십, 수백 발의 핵폭탄을 가져간다 해도 소행성을 완전히 파괴하지 못하면 오히려 더 위험해집니다. 소행성도 그 자체로 약하게나마 중력을 가지고 있기 때문입니다. 즉, 폭발 후 생긴 조각들이 다시 소행성으로 뭉치기 때문에 터트리나 마나 한 상황이 벌어집니다. 또 터트려도 소행성의 궤도가 수정되지 않고 지구로 곧장 날아올 수도 있습니다.

이거 완전 큰일 난 것 같습니다. 현재로선 소행성을 막을 수 없는 것일까요? 아닙니다. 다행히도 우리에겐 지구를 지키는 히어로인 어벤저스… 아니 NASA 연구원들이 있습니다. 어떤 방법이냐고요? 바

로 '소행성에 로켓 엔진을 부착하고 작동시켜서 궤도를 이탈시키는 것입니다!'

이야, 이거 대단합니다. 그런데 한 가지 문제가 있습니다. 돈이 어마어마하게 들어갑니다. 엄청난 양의 액체연료를 채운 로켓을 발사해야 하기 때문이죠. 현재 0.45kg 무게를 우주로 보내는 데 약 1,100만 원의 비용이 들어갑니다. 로켓의 액체연료는 수백 킬로그램이 나갈 테니 비용이 기하급수적으로 늘어나겠죠. 그럼 여기서 또 한 번 좌절을 해야 할까요?

아닙니다. 다행히도 우리에겐 역시 지구를 지키는 히어로인 NASA 연구원들이 있습니다. 이번엔 어떤 방법일까요?

여기, NASA 연구원들이 예전부터 만들어오던 한 엔진이 있습니다. 바로 '이온엔진'이라는 건데요. 수십 년 전부터 실제로 차세대 우주선 엔진으로 개발 중인 것으로 연비 끝판왕으로도 불립니다. NASA에서 실험 중인 이온엔진은 2013년 6월, 43,000시간(5년) 동안 중단 없이 작동되었습니다. 5년 동안 엔진이 한 번도 꺼지지 않은 것입니다. 그리고 더욱 놀라운 점은 이때 소모된 연료가 고작 870kg이라는 겁니다. 일반 액체로켓이었다면 10톤의 연료가 필요했을 상황입니다.

그렇다면 이 이온엔진의 원리는 무엇일까요? 이온엔진은 연료로 제논이라 불리는 불활성 기체를 이용합니다. 제논은 맛, 색, 냄새도 없고 무엇보다 불활성 기체여서 폭발의 위험도 없습니다.

엔진에 들어간 제논 가스는 전자들과 충돌하면서 양이온이 됩니다.

양이온이 된 제논 가스는 엔진 뒤쪽의 구멍 뚫린 금속판을 통과하면서 작용·반작용의 힘을 불러일으키고, 이로써 우주선은 추진력을 얻게 됩니다. 무중력에다 진공상태인 우주에서 이온엔진으로 끝없이 가속하게 되면 시속 10만 km 이상도 낼 수 있게 됩니다. 이 이온엔진을 우주로 보내 소행성에 부착한 다음 끈질기게 엔진을 가동하면 아주 적은 양의 연료로 소행성의 궤도를 바꿀 수 있게 되는 것입니다. 역시 인간은 답을 찾습니다. 늘 그랬듯이.

영화 <캡틴 마블> 속 광속엔진

이런 엄청난 엔진이 있다니, 아무래도 SF 영화 속에 벌어지는 일들이 빠른 시일 내에 현실이 될 것 같지 않나요? 그래서 영화 〈캡틴 마블〉 속 끝내주는 엔진에 대해 더 이야기해볼까 합니다.

영화 〈캡틴 마블〉 보셨나요? 주인공 캡틴 마블은 마블 세계관에서 가장 강력한 히어로이자 마블 영화의 주 무대를 지구에서 우주로 확장시키는 주역이죠. 영화의 어떤 내용에 주목해서 보셨는지는 모르겠지만, 이번에는 영화에 나온 광속엔진에 대해 알아보려고 합니다.

〈캡틴 마블〉에서는 1980년대에 미국 국방성과 NASA가 비밀리에 시작한 페가수스 프로젝트가 나옵니다. 테서렉트와 외계 기술을 이용해 빛의 속도로 날아가는 엔진을 만드는 프로젝트인데, 여러 외계 종족들의 방해와 음모 속에서도 결국엔 초광속 엔진 개발에 성공하게 되죠.

〈캡틴 마블〉에서 우주선이 초광속으로 이동할 때의 모습을 보면 푸른색 섬광을 내뿜고 주변의 빛들이 길게 늘어납니다. 이 영화뿐만 아니라 여러 우주 SF 영화를 보면 우주선의 엔진에서 푸른색 빛이 뿜어져 나오는 것을 볼 수 있습니다. 바로 플라스마를 분사하는 이온엔진을 작동시킨 것입니다.

앞에서도 언급했듯 이온엔진은 연비 끝판왕입니다. 고작 870kg의 연료로 5년간 중단 없이 작동되었다고 하니, 만약 8,700kg을 가지고 날아간다면 50년간 가속을 할 수 있겠네요. 대신 이온엔진의 대수와 규모가 커질수록 전기 소모량이 엄청 늘어나기 때문에 우주선에 원자력 발전기가 같이 있어야 합니다. 영화 〈마션〉에 나온 화성 우주왕복선 헤르메스호에도 거대한 이온엔진과 거대한 원자로가 함께 있는 것을 볼 수 있습니다.

그렇다면 영화 〈캡틴 마블〉 속 NASA와 미국 국방성은 어떻게 광속엔진을 만들었을까요? 영화에서는 당연히 마법 같은 우주 물질 테서렉트와 외계 문명의 기술로 만들어냅니다. 그렇지만 현실에서는 그 같은 광속엔진을 못 만듭니다. 좀 더 자세히 말하자면 현재까지의 인간의 물리학으로는 만들 수가 없습니다. 그리고 만들었다고 한들 심각한 부작용을 일으킵니다.

광속으로 움직이는 것이 가능한지 알려면 우선 아인슈타인이 만든 특수상대성이론을 알아야 합니다. 그 전에 특수상대성이론이 성립하는 데 있어 전제가 된 광속 불변의 법칙에 대해 알아볼까요?

캡틴 마블이 아인슈타인을 바보로 만들었다?

자, 여러분이 서울에서 부산으로 가는 KTX 열차에 탑승했다고 생각해봅시다. 서울역에서 출발한 KTX가 어느덧 시속 200km가 되었습니다. 이때 여러분은 화장실로 가려고 자리에서 일어나 기차가 달리는 방향으로 걸어갔습니다. 여기서 퀴즈! 만약 기차 밖에서 누군가가 여러분의 모습을 본다면(물론 너무 빨라 보기 힘들겠지만) 여러분이 움직이는 속도는 얼마나 빠를까요?

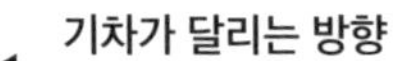

정답은 'KTX 속도(200km/h) + 걷는 속도'입니다. 일반적으로 우리가 경험하는 현상과 같죠. 관성 법칙에 가속도 법칙이 더해진 것이라 말할 수 있겠네요.

그런데 빛의 속도는 좀 다릅니다. 가만히 있는 사람이 바라본 빛의 속도와 기차를 타고 가는 사람이 바라본 빛의 속도, 비행기를 타고 날아가는 사람이 바라본 빛의 속도, 국제우주정거장에서 바라본 빛의 속도, 태양계 밖에서 날아가고 있는 오무아무아 소행성에서 바라본 빛의 속도는, 모두 초속 30만 km로 동일하다는 것이 광속 불변의 법칙입니다. 이 광속 불변의 법칙에 따라 세상의 모든 물질은 빛보다 빠르게 움직일 수 없고, 우주상에서 최고 속도는 빛의 속도인 초속 30만 km가 한계입니다. 다시 말해 특수상대성이론에 따라 인류가 그 어떤 노력을 해도 빛보다 빠르게 날아갈 수는 없는 것입니다.

자, 어떤 물체든 빛의 속도나 그 이상으로 날아갈 수 없는 것은 알겠습니다. 하지만 다르게 생각해보면 빛보다 빠르게는 움직일 수 없지만 빛의 속도에 근접할 수는 있다는 이야기이기도 합니다. 대신 우주선이 빛의 속도에 근접해서 날아가는 경우, 우주선의 시간은 상대적으로 아주 느리게 갑니다. 왜냐하면 특수상대성이론에 따라 시간 지연 현상이 발생하기 때문이죠. 물론 우주선 안에 있는 우주인은 자신의 시간이 느리게 간다고 생각하지 않지만요. 거기다 우주선의 질량은 어마어마하게 커지게 됩니다.

이 이론의 근거가 되는 이론은 뉴턴 공식인 F=ma와 라부아지에의 질량 보존의 법칙, 그리고 아인슈타인 공식인 $E=mc^2$입니다.

뉴턴은 질량(m)을 가진 물체에 힘(F)을 증가시키면 가속도(a)가 증가한다고 하였습니다. 라부아지에는 나무나 석탄을 태울 때 생기는 연기와 재의 무게를 합치면 나무 및 석탄이 타기 전의 질량과 같다는 것을 근거로 '물체의 질량은 어떤 경우에도 절대로 변하지 않는다'는 질량 보존의 법칙을 만들었습니다.

이 두 이론에 따르면 질량을 가진 물체에 계속해서 힘을 줄 경우 속도는 계속해서 증가해야 합니다. 에너지가 어디로 새지 않고 그대로 질량을 가진 물체에 전해지기 때문이죠. 하지만 아인슈타인은 이 두 가지 이론의 정의를 바꾸어버립니다. (그렇다고 앞서 말한 이론들이 틀렸다는 뜻은 아닙니다. 물체의 속도가 빛의 속도에 달했을 때만 뉴턴과 라부아지에의 이론이 맞지 않게 되는 것뿐이죠.)

아인슈타인은 특수상대성이론에 따라 에너지를 계속해서 주다 보면 빛의 속도에 근접할 수는 있지만, 빛의 속도 이상이 될 수는 없다고 말합니다. 어떤 한 물체에 아무리 힘(F)을 주어도 가속도(a)가 증가하지 않는다는 것이죠. 그리고 이때 물체에 가해지는 힘은 계속 커지는데 속도는 더 빨라지지 않고 고정되므로, 공식에 따라 그만큼 질량(m)은 증가합니다. 즉, 힘을 주면 줄수록 질량이 무한대가 되는 것입니다.

실제로 유럽 입자물리 연구소 CERN 입자가속기에서 입자를 광속에 가깝게 날려보았더니, 관찰 중인 과학자의 입장에서 바라본 입자가속기의 입자는 시간이 느려지고 수명이 수십 배 늘어났으며 질량도 증가했다고 합니다.

요즘 과학, 더 생생히 즐기자!

현실 물리법칙을 무시한 어벤져스와 캡틴 마블?

그러니 만약 영화 〈캡틴 마블〉에서처럼 광속엔진을 우주선에 장착하고 광속으로 날게 되면, 우주선의 질량은 계속해서 증가할 것입니다. 질량은 무게와는 달리 어떤 물체를 가속도로 이동시키고자 할 때 얼마나 많은 힘이 드는지를 나타내는 수입니다. 즉, 우주선의 질량이 커지면 움직이는 데 더 많은 힘이 들 테고, 그만큼 더 많은 연료와 에너지를 필요로 하게 됩니다. 결국 비효율적인 엔진이 되는 것이죠. 자, 그렇다면 우리가 미래에 우주 공간까지 빠르게 이동하기 위해서 필요한 장치는 무엇일까요? 텔레포트일까요? 워프일까요?

번외 편

지구에는 우주선과 인공위성의 공동묘지가 있다?

1957년 소련의 스푸트니크 1호를 시작으로 현재까지 어마어마한 양의 인공위성이 탄생하고 사라졌습니다. 우리나라는 1992년에 우리별 1호라는 이름의 인공위성을 처음 발사했습니다.

미국 연방정부가 운영하는 국제방송 Voice of America에 따르면 현재 지구 주위를 돌고 있는 인공위성의 개수는 확인되는 것만 12,000개이며 세계적으로 1년에 수백 대가 발사된다고 합니다. 특히 놀라운 건 한반도 상공에만 각국의 인공위성이 90대나 있다는 것입니다. 미국, 러시아, 중국, 독일 그리고 한국의 위성입니다.

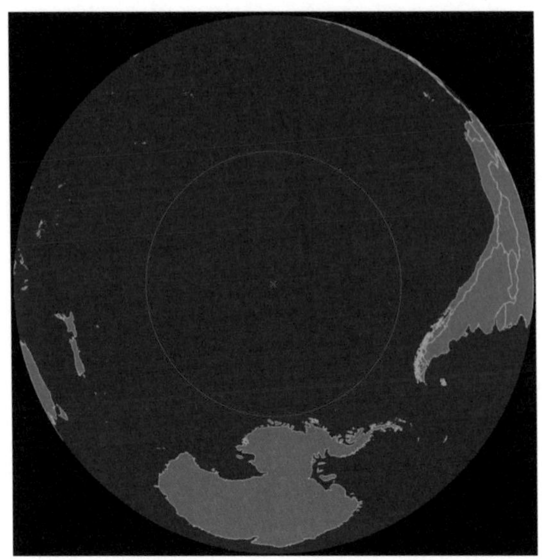

정식명칭은 해양도달불능점(The oceanic pole of inaccessibility).
지구에서 좌표상 가장 고립된 지점이다.

지구 전체 인공위성 중 현재 운용되고 있는 위성은 900여 개입니다. 나머지 1만 개 이상은 고장 나거나 수명을 다했다는 의미인데요. 그렇다면 이 수명을 다한 위성은 어떻게 처리될까요?

우선 관리가 전혀 되지 않는 인공위성은 우주 쓰레기가 되어 계속 궤도를 돌거나 다른 위성과 충돌하면서 파괴됩니다. 이렇게 되면 앞으로의 우주 활동에 상당한 방해가 되기 때문에 NASA와 러시아 우주국 그리고 유럽 우주국은 회의를 했고 한 아이디어를 생각해냅니다.

바로! 통제가 가능한 인공위성은 남은 추진체를 이용해서 지구 대기권으로 돌입시킨 뒤 불에 타 없어지게 만든다는 것입니다. 보통 대기권에 진입하면 대부분의 인공위성 부품은 대기 마찰열로 불에 타서 없어집니다. 그러나 부품

중 스테인리스나 티타늄으로 만든 것들은 불에 타지 않고 대기권을 통과합니다. 여기서 과학자들은 또 다른 아이디어를 내는데, 대기권 재진입 시 궤도를 미리 계산해서 바다의 정해진 위치로 추락시킨다는 것입니다.

그 추락 지점은 '포인트 니모(Point Nemo)'라고 불리는 남태평양의 바다 한가운데입니다. 포인트 니모는 라틴어로 '아무도 가본 적 없는 곳'이라는 의미이기도 하죠. 흔히 우주선/인공위성의 공동묘지라고 부릅니다.

포인트 니모는 주변 육지로부터 최소 2,681km 떨어져 있고 수심은 4km로 매우 깊기 때문에 해양 생물에도 큰 영향을 끼치지 않아서 우주선 묘지로 쓰기에 딱이었습니다. 각국 우주기관이 자국의 인공위성을 이곳으로 추락시킬 때는 항상 칠레와 뉴질랜드 당국에 통보하고 우주선 추락 경보를 발령하여 안전을 확보합니다.

그렇다면 지금까지 어떤 인공위성들이 이곳에 묻혔을까요? 가장 유명한 위성으로는 러시아 우주정거장 미르가 있습니다. 전체 무게는 143톤이었는데 지구 대기권 돌입과 함께 대부분이 불에 타고 20톤이 지구로 진입했습니다. 도시에 떨어졌다면 핵이 터진 것과 다름없었겠지만 포인트 니모에 정상 추락했습니다.

이 외에 러시아 인공위성 살루트 7호가 포인트 니모에 추락하여 수장되었고 최근 상당히 주목을 받은 중국의 톈궁 1호도 포인트 니모 인근에 정상 추락했습니다. 또한 이름 모를 수많은 화물선들이 국제우주정거장에 화물을 날라 주고 포인트 니모에 추락했으며 현재까지 약 260개의 인공위성이 이곳에 잠들어 있습니다.

요즘 과학, 더 생생히 즐기자!

추락하는 인공위성 처리하는 법

인류는 왜 더 이상 달에 가지 않을까?

침대에 누워서 인터넷을 보고 있는데 “인류는 왜 더 이상 달에 가지 않는 것일까?”라는 질문을 보았습니다. 사실 미국의 아폴로 프로젝트와 러시아의 루나 프로젝트 이후에도 무인 우주선은 몇 차례 달에 더 갔습니다. 2013년 12월에는 중국의 달 탐사선 창어 3호가 달 표면에 안착했고 일본도 달 탐사 위성을 발사했죠. 최근에는 창어 4호도 착륙에 성공했습니다. 그러나 인간이 직접 달에는 가지 않고 있습니다. 왜 그럴까요? 조사해본 결과 사실 답은 간단했습니다. 수차례의 탐사 끝에 더 이상은 달에 갈 과학적 이유가 없기 때문입니다. 중국의 우주 과학자 역시 달 자체에 더 이상 탐사로 인한 단기적 이익은 없다는 반응을 내기도 했습니다.

닐 암스트롱과 함께 아폴로 11호에 탑승했던 버즈 올드린이 달 위에 남긴 발자국이다.
Apollo 11 Bootprint © NASA

또 너무 위험해서 가지 않는다는 이야기도 있습니다. 1970년 아폴로 13호가 달을 향해 나아가다가 사고로 모든 우주인이 죽을 뻔했기 때문이죠.

인류가 달에 가는 일에 이제는 왜 다들 부정적인 것인지, 우선 이때까지의 달 착륙 역사를 알아볼 필요가 있습니다.

인간이 달에 가게 된 이유

1960년대 미국과 소련(러시아)의 냉전은 우주로까지 이어졌습니다. 1957년 10월 소련의 우주선이 최초로 지구 밖으로 나가자 미국은 충격과 공포에 빠졌습니다. 이제 소련이 언제든 우주에서 미국으로 공격할 수 있을 것이라는 소문이 돌기 시작한 탓입니다. 이에 미국의 과학자들과 아이젠하워 대통령 그리고 미국 의회에서는 일사천리로 국가적 우주 기구인 NASA를 창설했습니다. 그렇게 소련과 미국이 인공위성과 발사체로 경쟁을 이어나가던 중, 소련 우주비행사 유리 가가린이 1961년 보스토크 1호를 타고 인류 최초로 지구 대기권 밖으로 나가는 데 성공합니다. 이어서 미국 우주인 앨런 셰퍼드가 대기권 밖으로 나갔습니다. 하지만 계속되는 소련의 로켓 발사와 우주선 개발로 미국은 아직 자신들이 한참 뒤처져 있다는 생각에 또다시 충격과 공포에 빠지고 맙니다. 결국 당시 미국 대통령이었던 존 F. 케네디는 "우리는 그냥 달나라로 가자!"라며 1961년 5월 25일, 미국 의회 연설에서 아폴로 프로젝트를 선언합니다.

> "우선, 나는 인간이 달에 착륙한 후 무사히 지구로 귀환하는 이러한 계획의 성공한다면, 다른 어떠한 우주 계획도 인류에게 이보다 강렬한 인상을 심어줄 수 없다고 확신합니다. 이는 또한 장기적인 우주 탐사 계획에 중요한 전환점이 될 것이며, 이를 위해 온갖 어려움과 막대한 비용을 감수할 것입니다. 우리는 달에 가기로 결정하였습니다. 그것이 쉽기 때문이 아니라 어렵기 때문에 이렇게 결정한 것입니다. 이것은 우리의 모든 역량과 기술을 한데 모아 가늠해보는 일이 될 것입니다. 이 도전이야말로 우리가 하고자 하는

것이며, 더 이상 미룰 수 없는 것이고, 우리의 승리가 될 것이기 때문입니다." - 존 F. 케네디 대통령

이렇게 시작된 아폴로 프로젝트에는 아래와 같은 단계별 미션이 주어졌습니다.

A : 무인 사령선 테스트

B : 무인 달 착륙선 테스트

C : 지구 저궤도에서의 유인 사령선 테스트

D : 지구 저궤도에서의 유인 사령선 및 달 착륙선 테스트

E : 7,400km 상공에서의 유인 사령선 및 달 착륙선 지구 궤도 비행

F : 유인 사령선 및 달 착륙선의 달 궤도 비행

G : 달 착륙

H : 월면차를 이용한 달 탐사

케네디 대통령의 의회 연설로부터 8년 뒤, 아폴로 11호가 달 착륙에 성공합니다. 우주선 선장 닐 암스트롱, 사령선 조종사 마이클 콜린스, 착륙선 조종사 버즈 올드린이 탑승한 아폴로 11호는 제3자 눈에는 아주 쉽게 성공한 것처럼 보입니다. 하지만 아폴로 10호 발사까지는 위험천만한 일들이 많았습니다.

원래는 공식적인 아폴로 프로젝트 이전에 두 번의 무인 비행이 있었습니다. 이들이 비공식적으로 1호와 2호이고, 우리가 아는 아폴로 1호는 순서대로라면 3호였죠. 그러나 아폴로 프로젝트에 쓰일 순서상 세 번째인 이 유인 우주선을 테스트하던 도중 폭발 사고로 3명의 우주인들이 사망하게 됩니다. 이후 사망한 우주인들의 이루지 못한 꿈을 애도하는 뜻에서 공식적인 아폴로 1호의 명칭을 세번째 아폴로호인 유인 우주선에 붙이게 된 것입니다. 앞선 두 번의 무인 비행에는 공식 명칭을 부여하지 않고 세 번째 유인 비행선이 공식 1호가 되었으므로, 아폴로호는 2호와 3호 없이 1호 다음 바로 4호로 이어집니다.

어쨌든 이렇게 아폴로 1호부터 9호까지는 새턴로켓(아폴로 프로젝트를 위해 개발된 로켓) 발사 테스트를 하고, 달 표면과 달 주변 방사선량 등을 측정하며 착륙과 귀환을 테스트하였습니다.

이어서 아폴로 10호가 달 궤도 진입 테스트를 완료하고, 마침내 닐 암스트롱이 탄 11호가 달 착륙에 성공합니다. 아폴로 11호가 처음이자 마지막 달 착륙이라고 생각하는 사람들이 많은데요. 사실 아폴로 11호 이후에도 아폴로 12~17호가 우주인을 태우고 달을 향해 날아갔습니다. 아폴로 13호는 우주 공간을 날아가던 중 사령선의 산소탱크가 폭발해서 우주선에 산소를 공급할 수 없는 상황이 발생하기도 했는데요. 다행히 사령선에 연결되어 있는 착륙선에서는 산소 공급이 가능했고, 그 덕분에 사령선을 폐쇄한 채 달을 선회한 뒤 지구로 무사히 귀환할 수 있었습니다. 이때 우주선을 저전력 모드로 설정해 컴퓨터를 사용하지 않고 직접 궤도를 계산했다 하니 정말 대단하지 않나요?

아폴로 13호 이야기 외에도 아폴로 미션 중 위험천만하거나 흥미로웠던 일화는 더 있습니다. 바로 1968년 12월 21일 발사된 아폴로 8호와 1971년 2월 6일 발사된 아폴로 14호에 관한 일화입니다.

아폴로 8호는 원래 신형 로켓인 새턴5에 달 착륙선과 우주인을 태워 지구 궤도를 돌며 테스트하는 것으로 계획되어 있었습니다. 그런데 달 착륙선의 개발은 계속해서 지연되는 와중, 당시 베트남전에 참전하고 있었던 미국은 의회에서 국방 예산을 늘리고 대신 달 탐사 예산은 축소하려는 움직임을 보였습니다. 다급해진 NASA는 예산과 달 탐사 일정을 맞추기 위한 도박을 하기로 했습니다. 계획되어 있던 모든 유인 우주선 발사 테스트를 건너뛰고, 곧바로 착륙선 없이 사령선에 우주인을 태워 달 궤도를 돌고 오기로 한 것입니다.* 지구 궤도만 돌기로 했던 우주선을 추가 실험도 없이 바로 달 궤도로 보낸 거죠!

수많은 과학자들의 반대에도 NASA의 아폴로 기획자들은 임무를 내렸습니다. 당시 소유즈 우주선을 개발하고 유인 우주선 발사 테스트를 한창 하고 있었던 소련 때문에 케네디 대통령이 무척 불안해했기 때문이죠. 마치 우리나라 사람들이 그 어떠한 스포츠 경기에서도

* 아폴로 우주선에는 조종을 하는 사령선과 달에 착륙을 하는 착륙선 두 개가 붙어 움직인다. 달까지 가는 것과 돌아오는 것은 사령선의 역할이고 착륙할 때만 착륙선으로 이동해서 착륙한다. 즉 3명이 출발해 달에 도착하면 1명은 사령선에 남아 달 궤도를 돌고 2명이 착륙선으로 달에 이착륙한다.

한·일전만큼은 무조건 이겨야 한다고 생각하는 마음과 같았습니다.

결과는 어땠을까요? 다행히도 달 궤도를 한 바퀴 돌고 다시 지구로 복귀할 때 엔진이 정상 작동함으로써 대성공을 거두었습니다. 이를 기점으로 우주 개발에 있어서 미국은 압도적인 우위를 점하게 되었습니다.

한편 아폴로 14호의 대장 앨런 셰퍼드는 6번 아이언 헤드 골프채를 달 암석 채집봉에 연결해서 골프를 쳤습니다. 물론 지구와 달리 달은 중력도 약하고 진공인 데다, 우주복을 입고는 자유롭게 움직이기 힘들어 골프를 제대로 치지는 못했습니다. 하지만 당시 상황은 전 세계

1968년 크리스마스이브에 달 착륙선 조종사 윌리엄 엔더스가 찍은 '지구돋이' © NASA

에 생중계되었죠. 당시 앨런 셰퍼드는 골프공이 멀리 날아가는 모습을 보면서 "마일스, 마일스, 마일스(miles and miles and miles)"라고(미국은 킬로미터 대신 마일을 사용하므로 더 멀리 날아가라는 의미로) 외쳤습니다.

미국의 아폴로 프로젝트와 비슷한 시기에 러시아에서도 질 수 없다는 듯 루나 프로젝트(1959년)에 착수했습니다. 그러나 이 프로젝트는 미국처럼 인간을 달로 보내는 것은 아니었습니다. 로봇을 이용해 달 궤도선이나 착륙선을 만들어서 달 암석, 토양 등의 샘플을 채취한 뒤 귀환시키는 미션이었습니다. 미국에 뒤처졌지만 수십 대의 로봇 탐사선을 이용해 달을 탐사하고 샘플을 채취해서 안전하게 지구로 복귀했으니, 큰 성과를 이루었다고 생각합니다.

달 착륙하면 그냥 지나갈 수 없는 이야기가 하나 있죠. 바로 아폴로호 달 착륙 음모론입니다. 해명된 사례 중 대표적인 것을 볼까요?

① 공기가 없는 달에서 성조기가 흔들린다?

사진을 보면 성조기가 바람에 날리는 것처럼 보입니다. 그런데 다시 자세히 보면 깃대 외에 깃발 위쪽에 가로 막대기가 하나 더 있습니다. 미국 존슨 우주센터의 잭 킨슬러는 1992년 NASA 공식 해명을 통해 "가로 막대를 넣었고 밑 부분에는 줄을 넣어 약간 울게 함으로써 깃발이 바람에 휘날리는 효과를 연출했다"라고 밝혔습니다. 실제로 우주인이 성조기를 꽂는 영상을 보면 정말 펄럭이는 모습 그대로 고정된 채 꽂는 장면을 볼 수 있습니다.

버즈 올드린과 달에 꽂힌 성조기 © NASA

② 달에서 찍은 사진 속 하늘에서는 별빛이 보이지 않는다

사실 이것은 너무나 쉽게 진실인지 거짓인지를 가려낼 수 있습니다. 달 표면의 밝은 빛과 지구에서 오는 빛 그리고 태양빛 때문에 별이 상대적으로 어두워 찍히지 않은 것뿐입니다.

NASA에서 매일 생중계하는 국제우주정거장 외부 영상만 봐도 주변의 빛이 너무 강해서 멀리 있는 별이 하나도 보이지 않는다는 것을 알 수 있습니다.

③ 우주인과 우주선의 그림자 방향이 각각 다르다

많은 사람들이 달 사진에 나오는 돌이나 우주인 그리고 여러 장비들의 그림자 방향이 다 달라서 우주가 아닌 세트장에서 찍은 것이 아니냐는 의문을 제기해왔습니다. 만약 실제로 세트장에서 여러 개의 조명을 설치해 촬영했다면 한 물체에서 여러 개의 그림자가 나와야 합니다.

달 표면에 있는 돌의 그림자 방향과 우주인의 그림자 방향이 서로 다르다.
Apollo 14 EVA View © NASA

그저 달 표면이 울퉁불퉁하고 물체들 간의 거리가 엄청 멀기 때문에 사진으로 찍었을 때 그림자의 방향이 다른 것처럼 보이는 것뿐입니다.

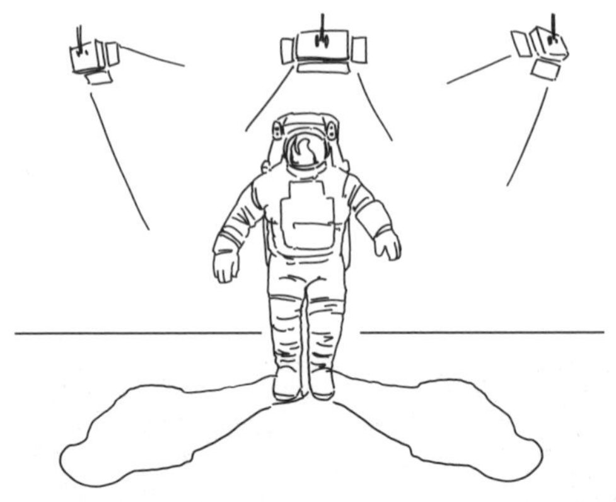

여러 개의 조명이 있는 세트장에서 촬영된 것이라면 그림자도 여러 개여야 한다.

여러 음모론에도 불구하고, 인류가 우주에 갔다는 사실은 확실히 증명할 수 있습니다. 아폴로 우주인들이 달에 가서 설치한 레이저 반사경이 그 증거죠. 반사경 덕분에 인류는 지금도 레이저를 이용해 달과 지구와의 거리를 측정하고 있습니다. 게다가 몇 년 전 일본과 미국의 달 탐사 위성이 달에 도착해 찍은 사진에는 달에 남은 월면차와 월면차가 이동한 흔적, 아폴로 발사대 등이 그대로 남아 있었습니다. 이로 인해서 인간이, 미국 우주인이 달에 갔다는 것은 확실해졌습니다.

미국의 아폴로 17호, 러시아의 루나 24호를 마지막으로 달 탐사 프로젝트는 종료되었습니다. 미국은 아폴로 13호의 사고와 천문학적인 예산 문제로 종료하였고, 러시아도 같은 문제로 인해 더 이상은 경쟁할 필요가 없어 중단했습니다. 그러나 다시 끝이 아니게 된 것 같습니다. 미국의 달 궤도 탐사 위성이 달 남극 위치에서 로켓을 충돌시켜 나온 파편을 분석한 결과, 물 얼음이 발견된 것이죠. NASA에서 달에 예상보다 50% 더 많은 물(약 38억 톤)이 있다는 결론을 내리면서 러시아와 미국은 앞으로의 우주 개척을 위한 전초기지를 달에 세우기로 했습니다. 이번에는 서로의 경쟁이 아닌 공동 개발로 갈 것이라 생각됩니다. 한쪽에서는 달 착륙의 진위를 논하고 있지만 다른 한편에서는 달을 향한 인류의 또 다른 도전이 준비되고 있습니다.

인류의 꿈이었던 달나라 여행을 넘어 우주 개척을 위해 애쓴 아폴로 11호 선장, 닐 암스트롱이 인류에게 남긴 말을 들려 드립니다.

"이것은 한 인간에게는 작은 한 걸음이지만, 인류에게는 위대한 도약이다(That's one small step for man, One giant leap for mankind)."

요즘 과학, 더 생생히 즐기자!

더 이상 유인 달 착륙을 하진 않는 이유?

번외 편

미국 NASA 달 정거장 건설 계획

"아이젠하워 시절에 우주 시대를 열었고 케네디 때는 달에 가는 임무를 받았다. 이제 다시 트럼프 대통령으로부터 받은 명령에 따라 달과 화성으로 간다."

1972년 마지막 달 착륙 우주선이었던 아폴로 17호 이후 46년이 지난 2018년, NASA 창설 60주년을 맞이하여 NASA 국장 짐 브라이든스타인은 영상 메시지를 공개했습니다. 미국의 도널드 트럼프 대통령은 지난 12월 우주정책 행정명령 1호를 발동했죠. 이 행정명령의 최종 목표는 달 궤도를 도는 달 우주정거장과 달 전진기지 구축 그리고 화성 유인 탐사입니다.

NASA의 발표에 맞춰 전투기 개발로 유명한 미국의 록히드 마틴에서 재사용이 가능한 달 착륙선의 청사진을 공개했습니다. '뜬금없이 전투기 회사에서 우주선이 나온다고?'라고 생각하시겠지만 현재 록히드 마틴은 NASA와 함께 새로운 우주왕복선 '오리온'을 개발하고 있습니다.

과거 아폴로 프로젝트 시절에는 달 착륙선과 사령선이 함께 발사된 뒤 달에 도착하면 사령선이 달 궤도를 돌면서 대기하고 착륙선만 달로 내려가 우주인들이 임무를 수행했습니다. 임무 완료 후에는 달 탐사선이 조금 남은 연료로 이륙해 사령선과 도킹하고 지구로 복귀하는 식이었습니다. 이번에 록히드 마틴과 NASA가 만드는 달 탐사 우주선도 방식은 비슷합니다. 그러나 규모가 방대해졌습니다. 록히드 마틴은 NASA와 연구한 기술을 이용, 과거 아폴로 우주선과는 달리 우주정거장급의 위성을 달에 띄우고 착륙선이 달과 우주정거장을 왔다 갔다 하면서 임무를 수행하는 계획을 발표했습니다. 이때의 우주정거장급 위성을 플랫폼이라 부르며 공식 명칭은 '게이트웨이'입니다.

자세히 설명하자면 달 착륙 우주선을 달에 보내기 전에 먼저 달 궤도에 우주정거장인 게이트웨이를 한칸 한칸 만듭니다. 이 게이트웨이가 완성되면 지구에서 우주인이 탄 달 탐사 우주선을 보냅니다. 그리고 게이트웨이와 도킹한 뒤 여러 실험 물자와 연료, 식품 등을 보급받고 달에 착륙하여 2주간 임무를 수행합니다. 임무가 완료되거나 추가로 해야 한다면 다시 게이트웨이로 돌아가 보급을 받고 달로 돌아와 임무를 재개하는 것이죠.

이때 게이트웨이에서는 연구원들이 최장 90일간 상주하며 우주인들이 달에서 가져온 샘플을 이용해 실험을 할 계획입니다. 이번 프로젝트가 성공하면 게이트웨이를 우주로 나가는 중간 기지로 삼고 화성 유인 탐사선을 보내는 프로젝트를 시작한다고 합니다. 그런데 왜 갑자기 달에 또 가려고 할까요? 아폴로 11호를 찾으러 가는 것일까요?

물론 달에 도착하면 아폴로 11호를 찾을 수도 있겠죠. 하지만 실제 이유는 앞에서 언급했듯 최근 달 탐사 위성이 달에서 엄청난 양의 물이 얼음 상태로 존재한다는 것을 발견했기 때문입니다. 우주인이 직접 날아가 달의 상태를 확인하고 달을 기지화할 수 있는지 또는 달에 쓸 만한 자원들이 있는지 조사하는 것이 앞으로의 탐사 목표입니다.

60년 전 미국 아이젠하워 대통령이 흩어져 있던 우주연구기관을 한데 합쳐 NASA를 창설했고, 케네디 대통령은 아폴로 프로젝트를 계획했습니다. 정권이 바뀌어도 프로젝트는 이어나갔죠.

우리나라는 어떨까요? 우리나라에는 아쉽게도 NASA처럼 독립된 기관이 없습니다. 인공위성과 로켓 개발은 항공우주연구원에서 하고 달 탐사선 개발은 과학기술 연구원, 우주 연구는 천문연구원이 합니다. 각각 따로 진행되는 것이죠. 과학기술은 정치적 상황과 이해관계에 휘둘리지 않고 꾸준히 쌓아가야 하는데 우리나라에서는 이랬다저랬다 할 수밖에 없는 상황이 참 안타깝습니다.

태양 탐사선은 왜 녹지 않을까?

지구로부터 1억 4,959만 7,870km(1AU) 거리만큼 떨어져 있는 태양은 아주 멀리서도 지구를 환하게 만들고 생명체가 살아가게 해주는 매우 고마운 존재입니다. 하지만 막상 가까이하게 되면 태양이 뿜어내는 자외선으로 화상을 입거나 표면 온도 약 5000℃의 뜨거운 열기로 녹아내릴 겁니다. 이렇게 태양은 현재의 과학기술로는 이해하지 못할 여러 가지 신기한 현상으로 가득 차 있습니다. 코로나, 흑점, 태양풍과 같은 현상들 말이죠.

태양에서 일어나는 신기한 현상들

태양은 가끔씩 플라스마로 이루어진 대기를 내뿜습니다. 멀리서 보면 그 모습이 번쩍이는 금색 왕관과 같아서 라틴어로 '왕관'을 뜻하는 코로나라는 이름을 얻게 되었습니다. 그런데 놀라운 점은, 이렇게 발생된 코로나의 온도가 무려 200만 ℃나 된다는 겁니다. 이상하지 않나요? 일반적으로는 에너지를 방출하는 부분에서 멀어질수록 온도가 점점 내려가는데, 태양 표면으로부터 1,300만 km까지 분출되는 코로나의 온도는 표면보다 수백 배 높다는 겁니다. 이는 뜨거운 물체의 열은 비교적 차가운 물체로 이동하고, 차가운 물체의 열은 비교적 높은

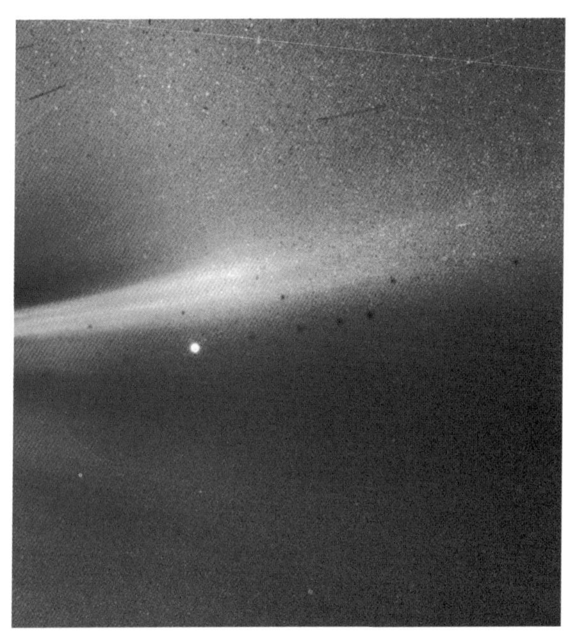

파커 솔라 태양 탐사선이 찍은 태양의 코로나 사진
© NASA/Naval Research Laboratory/Parker Solar Probe

온도의 물체로는 이동하지 않는다는 열역학 제2법칙을 무시하는 현상입니다. 그래서 수많은 천문학자들은 우리가 아직 발견하지 못한 어떠한 힘이나 이론이 태양에 작용한다고 생각했습니다.

미국의 태양 천체물리학자 유진 파커 교수는 이 현상을 보고 태양 표면에서 벌어지는 수많은 소규모 폭발인 나노 플레어(Nano-flares)가 코로나까지 열에너지를 전달한다는 이론을 세웠습니다. 태양 표면에는 플레어(flare: 태양의 대기 최하층에서 갑자기 에너지가 분출되는 현상)라는 거대한 폭발이 자주 일어납니다. 이보다 더 작은 규모인 나노 플레어는 쉴 새 없이 발생하고 있고 플레어보다 작은 규모지만 온도로 따지면 1,100만 ℃까지 올라갑니다. 그래서 파커 교수는 이 나노 플레어가 초당 수백만 번 발생해서 코로나가 발생할 때의 온도를 높여준다고 하였습니다.

태양은 가끔씩 표면에 검은 반점을 보이기도 합니다. 태양의 자기장이 일부 구간에서 강력해지면 내부의 대류 활동을 방해하고 특정 부분의 온도가 약 1,000~2,000℃ 정도 낮아집니다. 그래서 우리 눈에는 검은 점(흑점)이 생긴 것처럼 보이죠. 그런데 이 흑점 수가 많아질수록 태양풍이 세집니다. 태양풍은 양성자와 전자로 이루어진 바람인데, 태양 방사선과 강력한 자기장을 생성하면서 지구로 날아옵니다. 그래서 가끔 인공위성이 고장 날 때도 있고 전자기기가 말썽을 일으키기도 합니다.

이런 현상이 왜 일어나는지 정확히 알아보기 위해서 NASA의 과학자들은 인류 역사상 세 번째 태양 탐사선이자 인류 역사상 가장 태양에 가까운(2024년이 되면 태양과 탐사선의 거리가 600만 km로 지금까지 중 가장 가까워진다) 탐사 위성을 보냈습니다. 탐사선 이름은 앞서 나온 천문학자 유진 파커의 이름을 딴 파커 솔라 탐사선(Parker Solar Probe)입니다. 그런데 여기서 한 가지 의문이 듭니다. 수천 ℃에서 수백만 ℃ 가까이 되는 태양에 근접하면 탐사선이 녹아버리지 않을까요?

태양 탐사선이 녹지 않는 이유

태양 탐사선이 왜 녹지않고 버틸 수 있는지 알기 위해서, 먼저 온도와 열에 대해 알아볼까요?

먼저 온도는 입자들이 얼마나 빠르게 진동하는지를 숫자로 표시한 것입니다. 섭씨(℃)와 화씨(℉)가 있죠. 입자들이 빠르게 진동할수록 그 숫자가 큽니다.

한편 같은 온도에서도 밀도에 따라 체감온도는 달라집니다. 한 예로, 우리가 목욕탕에 갔을 때를 떠올려봅시다. 같은 40℃여도 탕(액체)에서는 매우 뜨겁게 느껴지지만 사우나(기체)에서는 하나도 뜨겁지 않습니다. 기체는 액체보다 밀도가 낮기 때문에 비교적 덜 뜨겁게 느껴지는 것입니다. 태양 주변과 태양의 코로나 역시, 사우나 예시처럼 온도는 엄청 높지만 입자들의 밀도가 낮습니다. 그렇기 때문에 파커 솔라 탐사선은 뜨거움을 느끼지 못하는 것입니다.

하지만 입자들의 밀도가 낮다고 해도 뜨겁긴 뜨겁습니다. 온도가 약 1,400℃ 정도 되죠. 화산이 폭발했을 때 나오는 용암의 온도와 비슷합니다. 거기다 우주 공간에 있는 탐사선은 앞에 방해 물질이 없기 때문에 직사광을 받습니다. 그래서 NASA 연구원들은 파커 솔라 탐사선 앞에 캡틴 아메리카가 들고 있을 법한 방패를 설치했습니다.

너비 2.5m에 11.5cm 두께를 가진 이 방패는 약 1,600℃까지 버틸 수 있습니다. 흑연 에폭시 같은 탄소 복합체를 이용해서 만든 것인데, 이 탄소 복합체는 97%가 공기로 이루어져 있어서 무게도 가볍고 단열 효과도 높습니다. 테니스 라켓이나 골프채에도 쓰이고 있죠.

여기서 끝이 아닙니다. 파커 솔라 탐사선에는 탐사선의 온도를 유지하기 위한 자체 수랭(Water cooling, 기계장치에서 발생한 열을 물 등의 액체로 식히는 방법) 시스템이 있습니다. 약 4L 정도의 냉각수를 가지고 있는데 상황에 따라 이 물의 온도는 10℃가 되기도 하고 125℃가 되기도 합니다. 그런데 여러분도 알다시피 1기압 이하에서는 100℃가 되기도 전에 물이 끓습니다. 그래서 파커 솔라 탐사선은 수랭 시스템에만 압력을 높게 유지해서 끓는점을 125℃ 이상으로 높입니다. 이 덕분에 냉각수가 끓지 않고 탐사선의 온도를 정상으로 유지할 수 있는 것이지요.

요즘 과학, 더 생생히 즐기자!

태양 탐사선이 불타지 않는 이유?

번외 편

만약 강력한 태양풍이 지구를 강타한다면?

태양도 분수를 만들어냅니다. 아 정확히는 분열, 분빛이라 할까요? 우리가 물을 입에 머금고 있다가 뱉을 때 물이 분수처럼 뿜어져 나가듯 태양도 플레어와 함께 전하를 띄는 입자들을 뿜어냅니다. 우리는 이것을 태양풍이라고 부르죠.

태양풍을 지구에서 천체망원경이나 우주망원경으로 바라보면 상당히 멋있게 보입니다. 그런데 이 태양풍이 정확히 지구를 향해 날아온다면 지구의 우주과학자들의 표정은 일그러질 겁니다.

지구로부터 1억 5천만 km 거리에 있는 태양에서 출발한 태양풍은 도대체 지구에 어떤 영향을 끼치는 것일까요?

태양풍에는 여러 종류의 입자와 우주 방사선들이 있습니다. 만약 이 태양풍을 맨몸으로 맞으면 생명체가 거의 증발한다고 표현하는 것이 맞을 정도로 치명적입니다. 하지만 지구 땅속의 핵이 자기장을 만들어내서 대부분의 태양풍 입자들과 방사선을 막아냅니다.

가끔 활발해진 태양 활동으로 플레어가 분출되고 강한 태양풍이 지구를 강타하면, 전하를 띈 입자들이 지구 자기장을 통과하면서 대기 중의 원자 이온들과 부딪혀 반응합니다. 또 남극과 북극 하늘에 오로라를 만들기도 하죠. 지구가 태양 활동으로부터 우리를 지켜주면서도 동시에 아름다운 자연 경관을 보여주네요.

태양 흑점이 많이 발생하던 1859년 어느 날, 거대한 태양풍이 지구를 강타했습니다. 영국의 천문학자 리처드 캐링턴(Richard Carington)이 관찰하고 기록한 바에 따르면, 이 태양풍은 당시 산업화된 국가의 전신 시스템에 오류를 일

NASA의 태양활동관측위성(SDO)이 빠르게 성장하는 흑점을 관찰한 모습
© NASA/SDO/AIA/HMI/Goddard Space Flight Center

으켰고 전 세계 곳곳에서 극지방에서만 볼 수 있는 오로라가 보였다고 합니다. 1800년대는 지금과 비교해서 전자기기가 거의 없었다는 것이 다행이네요. 이어서 1989년에도 강한 태양풍이 발생했는데 캐나다 퀘벡 지역에서 9시간 동안 대정전이 발생했고 여러 인공위성에 오류가 발생했습니다.

만약 지금 1859년과 같은 강력한 태양풍이 지구를 강타한다면 거의 모든 전자기기와 시스템이 오류를 일으킬지 모릅니다. 지구 궤도에 떠 있는 수많은 위성이 고장 날 테고 GPS는 먹통이 될 것입니다. 하늘을 날아다니는 비행기는 현재의 위치를 확인할 방법이 없어지고 조종사는 육안으로 지형을 살피며 지도와 비교해 근처의 공항을 찾아 비상착륙을 해야 할 것입니다.

전산 시스템도 대규모 오류가 발생해 인터넷 뱅킹, 스마트폰 뱅킹, 카드 결제 등이 무용지물이 될 것입니다. 전 세계 금융 시스템이 마비되면서 국가부도 사태로 이어질 수도 있겠네요. 결국 인류 문명은 다시 산업화 이전 시대로 돌아가게 되는 것입니다. 만약 대비 없이 마주한다면요.

그럼 우리 인류는 강력한 태양풍이 불어오면 그저 속수무책으로 당해야 할까요? 아닙니다. 다행히도 어느 정도 방어할 수 있습니다.

현재 태양 탐사선 파커가 태양 주위를 돌면서 태양을 관측하고 분석하고 있습니다. 지구 궤도에도 태양 관측 위성들이 있죠. 이 탐사선과 관측 위성들이 태양의 비정상적 활동을 감지하면 NASA의 연구원들과 우주 기상 예측센터에서 앞으로 3일간의 예측 결과를 내놓습니다. 만약 심각한 태양풍이 예상된다는 결론이 나면 중요 시스템은 백업을 진행하고 지금 당장에 필요 없는 전자기기와 인공위성들은 안전 모드로 전환합니다.

몇몇 우주 연구원은 이 강력한 태양풍을 이용해 우주 개척에 필요한 우주선을 만들 수 있다고 주장합니다. 지구에서 공기 입자가 이동하면 바람이 되듯이 태양에서 뿜어져 나온 입자도 우주의 바람과 같은 것이니, 태양풍의 입자를 받을 수 있는 우주 돛, 즉 솔라 세일(일렉트릭 세일)을 우주선에 달면 마치 영화 캐리비안의 해적에 나온 거대한 범선들이 돛을 펼쳐 바다를 헤쳐 나가듯 우주 저 멀리까지 우주선이 갈 수 있다는 이야기죠.

베르나르 베르베르 작가의 소설 《파피용》에도 같은 원리를 이용한 거대한 우주선이 나옵니다. 물론 태양풍 자체를 버틸 수 있는 우주선을 만들어야 한다는 숙제가 남아 있습니다. 만약 인류가 아주 강력하고 커다란 자기장을 만들어낼 수 있다면 우주 저 멀리 탐사를 떠난 우주선뿐만 아니라 지구도 태양풍으로부터 방어해낼 수 있겠네요.

도대체 외계인은 어디에 있을까?

혹시 외계인을 만나보셨나요? (저는 아직인데, 혹시 만나보신 분은 제게 살짝 귀띔해주시길 바랍니다.) SF 영화에는 자주 등장하는 그들이지만, 현실에서는 좀처럼 보이지 않는 것 같습니다. 우리 인류는 왜 아직도 외계인을 만나지 못했을까요? 수많은 사람들은 이렇게 추측합니다.

1. 외계인은 존재하고 이미 지구에 방문하였지만 그것을 알지 못할 뿐이다.
2. 외계인은 존재하고 과거에 지구에 방문하였지만 최근에는 방문하지 않고 있다.
3. 외계인은 존재하지만 어떠한 이유로 지구에 방문하지 않았다.

4. 외계인은 존재하지만 우주로 진출해서 지구로 오기 위한 기술이 없다.

5. 지구가 유일한 문명이다.

여러분은 어떻게 생각하시나요? 이 다섯 가지의 큰 의문을 우리는 페르미의 역설이라고 부릅니다. 노벨 물리학상을 수상한 이탈리아 물리학자 엔리코 페르미가 동료들과 점심 식사를 하던 중 논의하게 된 이야기라고 합니다. 그런데 NASA의 최근 연구 결과와 천체물리학자들의 의견에 따르면 인류가 아직 외계인을 만나지 못한 이유가 위의 역설에서 5번 또는 4번에 수렴해가는 것 같습니다.

외계인에 관한 의문을 끌어낸 물리학자 엔리코 페르미

허블 우주망원경과 케플러 우주 관측 위성이 지금까지 관측한 내용에 따르면 46억 년 전 우주에 태양계가 탄생할 때 지구와 같은 환경을 가진 행성은 우주 전체에서 8%뿐이었다고 합니다. 이 8% 안에 우리 지구가 포함되어 있습니다. 빅뱅 이후 생성된 우주의 초창기에 지구가 나타난 것이죠. 다르게 말해 우리 인류가 어쩌면 가장 진보한 문명을 가진 생명체일 수도 있다는 의미입니다. 거기다 빅뱅 직후에는 행성들이 엄청 빠른 속도로 만들어졌지만 지금은 상당히 천천히 만들어지고 있습니다. 우주는 넓고, 애초에 문명이 생길 만한 행성이 적었을 뿐더러, 행성은 느리게 만들어지니까 외계인을 만날 확률은 줄어드는 것이죠.

한편 여기에 미국 로체스터대학교 천체물리학자 아담 프랭크 교수의 연구도 한몫했습니다. 프랭크 교수는 우주에 외계 문명이 존재한다는 가정하에 4가지 모델로 문명을 나누었습니다. '소멸 모델, 연착륙 모델, 급속 붕괴 모델 1, 급속 붕괴 모델 2'입니다.

소멸 모델에서는 한 행성의 인구와 그 행성의 온도가 급속하게 상승한 끝에 정점에 이른 인구가 생존하기 힘든 상태가 됩니다. 결국 인구는 30%로 감소하고 기존 수준의 문명을 유지하지 못한 채 과거로 돌아가게 됩니다.

연착륙 모델에서는 인구가 증가하면서 계속된 개발로 행성의 온도가 높아지지만, 운 좋게 인구가 안정적인 수준으로 유지되고 행성의 자연환경도 유지되어 평형상태를 찾음으로써 문명이 지속됩니다. 지구로 치자면 석유 화학 에너지 사용을 줄여나가고 태양에너지나 풍력에너지 등 친환경 에너지로 전환하여 살아남는 것이죠.

급속 붕괴 모델 1은 소멸 모델과 비슷하지만 그보다 더 빠르게 진행되고 더 빨리 붕괴합니다.

급속 붕괴 모델 2는 연착륙 모델처럼 행성 주민들이 문제의 원인을 깨닫고 소비 자원을 친환경 에너지로 바꾸지만, 대응 시기가 너무 늦어 행성의 기후변화가 계속되고 결국 문명이 붕괴되는 모델입니다.

위의 4가지 모델 중 3가지에서 보듯이 "우주에서 생겼을 수도 있는 모든 문명은 그저 수 세기나 수십 세기 정도 지속되고, 그 문명이 일으킨 기후변화에 무너지고 말았을 수도" 있습니다. 결국 행성 간 이동을 자유롭게 할 만큼의 기술을 가지기 전에 자원을 다 써버렸거나 막을 수 없는 기후변화로 그 행성의 종족이 모두 사라진 것이 아닐까요? 세계적인 천문학자 칼 세이건은 "이 우주에 우리 지구 생물만 산다면 그건 엄청난 공간의 낭비일 것이다"라고 말했습니다. 정말 어딘가에 외계 문명이 있다면 먼 훗날 만나게 될지도 모르겠네요.

요즘 과학, 더 생생히 즐기자!

외계인, 정말 있을까?

번외 편

MIT연구원의 외계인을 찾는 새로운 방법

여러분은 외계인을 만난다면 무슨 이야기를 하고 싶으신가요?

앞에서 우리가 외계인을 만나지 못하는 이유에 대한 내용을 다루었습니다. 연구 내용에 따르면 외계인을 찾는 것은 너무나 힘들다는 결론이었죠. 그래서 미국 MIT의 연구원들은 우리가 외계인을 찾지 말고 외계인이 우리를 찾도록 만드는 방법을 생각해냈습니다.

현재 우리 지구인들은 성간 우주 공간 또는 은하 간 거리에 있는 행성에서 뿜어져 나오는 레이저들을 분석할 능력이 됩니다. 그러나 지속적으로 일정한 파장을 은하 간 거리만큼 떨어진 곳으로 보낼 능력은 아직 없습니다. 만약 지구에서 지속적으로 일정한 파장을 가진 강력한 적외선을 외계인이 살고 있을 법한 행성으로 쏜다고 가정해봅시다. 아마 어느 정도 지적 능력이 있고 현재 인류 정도의 기술 문명이 있는 외계인이라면 이것을 인공적인 신호로 감지하겠죠? 그럼 외계인도 지구 쪽으로 강력한 적외선을 쏠 것이고 서로 만나지는 못하더라도 레이저를 통해 서로의 존재를 확인할 수 있을 것입니다. 과거에 보이저 탐사선이 인류의 언어와 수학 기록들을 담은 레코드판을 장착한 채 태양계를 벗어난 것처럼, 적외선 광자에 우리의 수학, 언어 데이터를 심어 보내면 지적 능력이 있는 외계 문명에서 이것을 어느 정도 분석할 수 있을 것입니다.

NASA와 MIT 연구진은 이 같은 장난스러운 발상을 그냥 이론적으로 연구하는 데 그치지 않았습니다. 실제로 실험에 들어갔죠. 특히 우리가 성간 또는 은하 간 거리에 있는 행성으로 쏠 수 있는 레이저를 개발한다면 어디에 발사할지도 정해두었습니다. 지구로부터 4광년 떨어진 프록시마 센타우리에 있는 지구형 행성과 39광년 떨어진 트라피스트 행성계로 총 2개의 우주 지역을 후보지로 정했습니다. 트라피스트는 7개의 지구형 행성이 발견되어 한때 떠들썩한 행성계였습니다.

이번 연구의 메인 연구자인 제임스 클라크는 이렇게 서로의 위치가 확인되면 전파를 통해 데이터를 전송하고 의사소통을 할 수 있을 것이라 합니다. 그런데 만약에 엄청 뛰어난 기술 문명을 가진 떠돌이 외계 우주함대가 이 신호를 받으면 어떻게 될까요? 저는 이 질문에 바로 딱 떠오른 영화가 있습니다. 바로 〈배틀 쉽〉입니다. 영화 속에서 NASA는 앞서 말한 MIT 연구원들이 연구한 내용과 거의 유사한 프로젝트를 진행합니다.

영화 속 천문연구원들은 하와이에 강력한 레이저 발생기를 설치하고 24시간마다 지구와 유사한 환경의 행성으로 레이저를 쏩니다. 그러던 어느 날, 어마어마한 기술 문명을 가진 외계 종족이 이 신호를 탐지하고 지구로 우주함대를 보냅니다. 무작정 날아온 외계 문명의 우주함대는 지구의 위성들과 충돌하게 되고, 그들은 원치 않게 미국 해군의 훈련 지역에 내려오게 됩니다. 의사소통이 제대로 되지 않았던 지구인과 외계인은 결국 화려한 해상전을 벌이죠. 그렇다면 우리도 영화처럼 되는 것일까요?

수년 전 스티븐 호킹 박사가 한 이야기가 떠오릅니다. "외계인을 만나면 일단 피해라!" 외계인이 지구의 위치를 알면 정복하러 올 수 있다는 것이죠. 콜럼버스가 신대륙인 아메리카를 찾은 이후에 아메리카 원주민들이 현재 어떤 삶을 살고 있는지를 떠올리면 될 것 같습니다.

요즘 과학, 더 생생히 즐기자!

외계인을 이렇게도 찾는구나!

#01

만약 쓰레기를 우주로 보내면?

우리 인류는 매년 약 10억 톤의 쓰레기를 만들어내고 있습니다. 2100년에는 매년 36억 톤의 쓰레기를 만들 것이라는 추측도 나오고 있죠. 그럼 지구에는 점점 쓰레기가 쌓이고 언젠간 더 이상 쓰레기를 처리할 공간이 없어질지도 모릅니다. 그렇다면 만약에 쓰레기를 우주로 날려버리면 어떨까요?

1950년대 미국과 소련이 냉전 시절 우주 경쟁을 할 때부터 지금까지 5,038개의 로켓이 발사되었습니다. 대부분은 지구 궤도를 도는 위성을 우주로 올리기 위해서, 우주정거장에 보급품을 보내기 위해서 발사된 것이고, 달, 화성, 목성 등 태양계 행성을 탐사하기 위해서 보낸 로켓도 있습니다. 우주는 상상도 못 할 만큼 광활하고, 위성도 어렵지 않게 쏘아 올리니 우주로 쓰레기를 보내겠다는 건 조금 합리적인 방법처럼 보입니다.

사실 위성이나 탐사선을 보내는 것처럼 로켓에 쓰레기를 담아서 우주 어딘가로 날려버리면 되긴 합니다. 그런데 문제는 돈이 너무 많이 든다는 겁니다.

우선 미국 NASA가 주력으로 사용하는 로켓 아틀라스 5의 발사 비용을 알아봅시다. 이 로켓은 최대 8톤을 담고 우주로 날아갈 수 있습니다(지구 저궤도에는 20톤까지 가능). 그리고 한 번 발사하는 데 약 1억 6,400만 달러가 필요하죠. 원화로 1,927억 원이 넘습니다. 1kg의 화물을 우주로 보내는 데 2만 달러 즉, 한국 돈으로 약 2,000만 원 이상이 필요합니다.

만약 인류가 연간 생산하는 쓰레기 양인 10억 톤을 우주로 내보내려면 NASA의 아틀라스 5를 연간 1억 2,500만 번 발사해야 합니다. 비용으로 따지면 1억 2,500만 곱하기 1,927억 원…… NASA의 로켓이 좀 비싸긴 합니다. 그래서 이번엔 재활용이 가능하면서도 역사상 가장 큰 로켓인 스페이스X의 팔콘 헤비로 계산해보겠습니다.

팔콘 헤비는 최대 26톤을 지구 궤도 밖으로 내보낼 수 있습니다. NASA 로켓보다 3배 더 많이 보낼 수 있네요. 거기다 이 로켓은 재활용이 가능하기 때문에 드는 비용도 현저히 낮습니다. 스페이스X의 상업용 발사 가격표를 보면 발사 1회에 9,000만 달러로 한국 돈 약 1,000억 원이 필요합니다. NASA는 8톤을 보내는 데 약 1,927억 원이 들고 스페이스X는 26톤을 보내는 데 약 1,000억 원이면 됩니다.

그럼 팔콘 헤비로 쓰레기를 우주로 보낸다면 연간 몇 번을 발사하면 될까요? 연간 약 3,900만 번을 쏘면 됩니다. 1년 동안 하루에 약 9만 번 정도 발사해야 하죠(1년간 전 세계 로켓 발사 횟수: 약 100회). 비용으로 따지자면 1년간 9경 원 정도 필요합니다. 미국의 18년간의 예산과 비슷하죠. 그런데 여기서 끝이 아닙니다.

참고로 제가 계산한 내용은 지구 정지 궤도에 위성을 띄우는 것을 기준으로 한 것입니다. 쓰레기를 지구 저궤도로 발사한다면 이보다 더 싸게, 많이 보낼 수 있죠. 하지만 지구 저궤도로 보내거나 정지 궤도로 보내면 지구의 중력 때문에 쓰레기는 지구 대기권으로 다시 떨어집니다. 국제우주정거장이나 정지 궤도에 있는 우리나라의 천리안 위성도 지구로 떨어지지 않게 2~3일에 한 번씩 자체 추진력으로 궤도를 수정합니다. 이 말은 지구 정지 궤도로 쓰레기를 보낸 뒤 다시 지구로 떨어지지 않게 하려면, 아니 아예 지구 밖 아주 먼 곳으로 보내려 한다면 비용이 더 많이 발생한다는 뜻입니다.

발사 횟수와 가격이 현저히 줄어들었지만 1년간 배출되는 쓰레기를 처리하다가 전 세계가 파산할 것 같습니다.

몇몇 사람들은 이렇게 생각할 수도 있습니다. "그럼 쓰레기를 지구 저궤도로 올린 다음 다시 지구로 떨어트려 대기권에서 다 타게 만들면 되지 않을까요?"

네, 그렇게 해도 됩니다. 대신 지구 대기가 오염되겠죠. 쓰레기 매립장에서 쓰레기를 다 태우는 것과 비슷한 행위니까요.

이제 우리는 쓰레기를 우주로 보낸다는 것이 얼마나 현실성 없는 이야기인지 알게 되었습니다. 그럼 이렇게 돈이 많이 드는 상황이 오지 않게 하려면 우리가 할 수 있는 일은 무엇이 있을까요? 단순합니다. 전 세계 모두가 각자 쓰레기 양을 줄이면 됩니다.

우리 개개인이 버리는 쓰레기의 양은 사실 얼마 되지 않습니다. 그러나 모든 사람들이 버린 쓰레기를 모으면 어마어마한 양이 되죠. 그렇기에 우리 각자가 쓰레기의 양을 조금씩 줄여 나간다면 쓰레기를 처리하는 데 드는 비용도 아낄 수 있고, 환경도 지킬 수 있지 않을까요?

요즘 과학, 더 생생히 즐기자!

지구의 쓰레기를 우주로 보낸다?

#02

만약 지구의 자전 속도가 2배 빨라지면 어떻게 될까?

적도에 사는 사람들은 1,600km/h 속도로 지구를 따라 회전하고 있습니다. 적도에서 멀어져 극지로 갈수록 회전 속도는 느려지죠. 그러나 우리는 어디에 있든 지구의 자전을 느끼지 못합니다. 그렇다면 자전 속도가 갑자기 2배 빨라졌을 때도 우리는 변화를 못 느낄까요? 그리고 과연 지구는 괜찮을까요?

우선 가장 먼저 느껴지는 변화로는 두 가지가 있습니다. 첫 번째는 체중 감소입니다. 지구가 더 빠르게 자전하면 지구 중심에서 멀어지려는 힘인 원심력이 더 커집니다. 땅 위에 있는 우리도 원심력 때문에 하늘 쪽으로 몸이 들릴 것입니다. 물론 중력이 더 세기 때문에 하늘로 날아가진 않겠지만 어느 정도 체중이 감소한 것처럼 느껴질 겁니다.

두 번째는 시차 변화입니다. 밤과 낮이 있는 것은 지구의 자전 때문입니다. 따라서 지구가 지금보다 2배 더 빨리 자전을 하면 당연히 밤낮이 바뀌는 시간도 2배 빨라질 것이고, 결국 하루의 길이는 12시간이 됩니다. 하루 24시간에 적응되어 있는 인간을 포함한 동물과 식물은 하루빨리 12시간 체계에 적응하든지 아니면 그냥 지금 기준으로 살든지 해야겠네요.

이번엔 생명체 단위를 벗어나 지구적 단위의 변화를 알아볼까요? 지구의 자전 속도가 2배 빨라지면 적도에서의 회전 속도도 2배 즉, 1,600km/h에서 3,200km/h로 어마어마하게 빨라집니다. 그러나 극지방으로 갈수록 자전 속도는 느리므로, 결국 지구 자전 속도가 2배가 되면 적도와 극지방의 회전 속도에 더 큰 차이가 나게 됩니다. 다르게 말하면 적도에서의 원심력이 극적으로 세진다는 뜻입니다.

그러다 보니 북극과 남극 주변의 바닷물은 점점 적도 쪽으로 모이게 되고, 결국 히말라야만큼 높은 산을 제외하면 적도 주변의 땅은 모두 바다에 잠길 것입니다. 문제는 바닷물만 모이는 것이 아니라는 겁니다. 원심력 때문에 주변의 땅도 적도 쪽으로 몰리게 될 것입니다. 결국 지구의 지각판이 당겨지고 부딪히면서 지구 곳곳에 거대한 지진이 발생할 것입니다. 전 지구적 재난이네요.

또한 지구가 빠르게 돌면서 내부에 있는 외핵도 빠르게 흐르기 시작하고 자기장의 세기도 변합니다. 그럼 GPS 기반 시스템은 먹통이 될 테고 만약 자기장이 엄청 세진다면 전자기기 대다수가 먹통이 되겠죠.

또 특정 위치에 있는 정지 인공위성도 제대로 사용할 수 없게 됩니다. 자전 속도가 빨라졌으므로 그 속도에 맞춰 인공위성의 회전 속도도 높여야 하는데, 지금보다 더 빠르게 인공위성을 회전시키면 자체의 원심력 때문에 인공위성이 지구 궤도를 이탈할 가능성이 매우 높기 때문입니다.

사실 지구가 처음 생겨났을 때, 지구는 엄청난 속도로 자전을 했습니다. 그러다가 거대한 운석 충돌로 달이 생겨나고 달이 지구를 공전하면서 지구의 자전 속도는 점점 느려졌죠. 특히 지난 3000년 동안 지구의 자전 속도는 100년마다 0.002초씩 느려지고 있습니다. 100년마다 하루의 길이가 0.002초씩 늘어나고 있는 것입니다. 현재로선 적어도 지구 자전 속도가 빨라질 위험은 없어 보이네요.

요즘 과학, 더 생생히 즐기자!

지구 자전 속도가 빨라지면 생기는 일!

#03

만약 지구가 반대 방향으로 자전한다면?

지구는 탄생할 때부터 지금까지 서쪽에서 동쪽으로 자전하고 있습니다. 금성을 제외한 수성, 화성, 목성, 토성, 천왕성, 해왕성도 서쪽에서 동쪽으로 자전하죠(금성은 동쪽에서 서쪽으로 자전). 빅뱅이 시작되고 100억 년 뒤에 탄생한 지구는 처음엔 하루의 길이가 6시간이었습니다. 중간중간 여러 운석과 충돌하고 달이 만들어지면서 자전 속도가 하루 24시간으로 지금과 같게 되었죠. 자전 속도는 둘째 치고, 그럼 이번에는 지구가 반대로 자전하면 어떻게 될지 생각해봅시다.

우선 지구의 자전 속도는 초당 465m입니다. 시속으로 바꾸면 1,674km/h입니다. 음속보다 약 400km/h 더 빠르네요.

만약 지금 당장 지구가 반대로 자전을 하게 되면 어떻게 될까요? 단순합니다. 모든 것이 박살 납니다. 1,674km/h로 서쪽에서 동쪽으로 회전 중이었는데 갑자기 반대로 돌면 관성의 법칙 때문에 지상에 있는 인간을 포함한 모든 생명체와 건물, 자동차 등이 약 시속 1,600km의 속도로 내동댕이쳐질 것입니다. 지하에 있는 맨틀, 외핵, 내핵은 마치 우리가 한쪽 방향으로 커피를 젓다가 반대로 갑자기 저으면 발생하는 물결처럼 난장판이 될 것입니다.

또 현재 우주에서 정지 궤도를 돌고 있는 인공위성들은 더 이상 특정 위치에 고정되지 않게 될 것입니다. 정지 궤도 위성은 지구의 자전과 같은 속도로 지구를 돌고 있어서 우리가 보기에 특정 위치에서 멈춰 있는 것처럼 보입니다. 이때 지구가 반대로 돌기 시작하면 정지 궤도에 있는 위성은 지구 자전 방향의 반대 방향으로 회전할 것이고, 그러다가 미처 궤도를 수정하지 않은 다른 위성과 충돌할 가능성도 생기죠.

그럼 원래부터 지구가 반대 방향으로 자전을 하고 있었다면 지금과는 무엇이 달랐을까요?

첫 번째로 눈에 띄는 것은 달과 태양이 뜨고 지는 방향입니다. 지금은 달과 태양이 동쪽에서 떠서 서쪽으로 지지만 반대로 자전할 경우 서쪽에서 떠서 동쪽으로 지겠죠.

두 번째로 눈에 띄는 것은 해류와 기류의 흐름이 모두 반대 방향으로 흐른다는 것입니다. 그런데 막스플랑크를 비롯한 여러 독일 기후연구기관의 시뮬레이션 결과에 따르면, 해류나 기류의 방향이 정반대가 되더라도 극적인 기후 변화는 없다고 합니다. 다만 지역별로는 변화가 있는데, 중동과 아프리카, 유럽 지역이 지금보다 시원해지면서 이 지역 사막들이 녹지로 변하고, 반대로 아마존 지역과 미국 남부 지역은 사막으로 변한다고 합니다. 그렇게 되면 다행히도 지구 전체적으로는 사막의 25%가 줄어들게 되겠네요. 또 겨울에는 북유럽과 북극이 더 추워져서 빙하가 늘어나는 반면, 중국, 러시아 동쪽, 한반도, 아메리카 지역은 지금보다 더 더워진다고 합니다.

요즘 과학, 더 생생히 즐기자!

지구가 반대로 자전하면 생기는 일!

#04

만약 내일 외계인이 지구에 나타난다면?

이 드넓은 우주에서 감정이 있고, 생각을 하고, 교감을 하는 생명체가 우리뿐이라는 사실이 밝혀지면 어떤 느낌일까요? 칼 세이건의 말처럼 누군가는 엄청난 공간 낭비라고, 누군가는 아직 고등생명체가 나타나지 않았거나 나타나도 너무 멀리 떨어져 있어서 만날 수 없는 것뿐이라고 할 수도 있겠죠.

실제로 몇몇 천문학자들의 연구 내용을 살펴보면, 우리 지구는 우주가 생성되었던 빅뱅 이후 아주 빠른 시일에 만들어졌고 생명체 또한 다른 행성에 비해 빠르게 나타났을 것이라는 내용이 있습니다. 다시 말해 지구는 빅뱅으로 우주가 생성된 이후 어쩌면 가장 먼저 고등생명체가 나타난 행성이라는 말이죠(지구에 살고 있는 인류가 가장 빠르게 문명을 만들었다고 해서 우리가 유일한 문명이라는 말은 아닙니다. 우리 은하에만 지구와 비슷한 환경을 가진 행성이 10억 개 정도 있습니다).

그런데 이렇게 '우리가 유일한 생명체라면?', '우리가 가장 발전한 문명을 지닌 행성이라면?', '외계 지적 생명체가 있긴 한데 너무너무 멀어서 서로 영원히 연락이 불가능하다면?'이라는 생각을 하고 있을 때, 갑자기 지구 근처에서 외계인이 타고 있는 함대가 나타나면 어떻게 될까요? 네덜란드 철학자 스피노자는 그의 명언대로 아마 한 그루의 사과나무를 심었을 겁니다. 저라면 당장 카메라를 들고 영상을 찍으러 나갔겠죠. 여러분은 어떻게 하실 건가요?

스티븐 호킹 박사는 외계인이 지구에 오는 건 비극일 것이라 했습니다. 유럽의 열강들이 대서양을 건너 아메리카 대륙에 도착했을 때 원주민에게 벌어진 일들을 생각해보라고 했죠. 일리가 있습니다. 그러나 어쩌면 반대로 착한 생각을 가진 외계인 탐험가들이 온 것일 수 있습니다. 마치 영화 〈스타트렉〉에서 엔터프라이즈호 승무원들이 위기에 빠진 구석기 시대 외계인 종족을 몰래 도와주는 것처럼 말이죠. 그리고 우리 인류가 어느 정도 지적 생명체라 판단했다면 외계 함대는 우리에게 신호를 보냈을 겁니다. 물론 의사소통 방식과 언어체계, 통신체계가 달라서 우리는 '잡음'이라고 판단했을 수 있죠. 인류는 외계인의 의도를 알 수 없으니 심각하게 경계를 할 것입니다. UN에서 상임이사국 대표단은 '우리가 먼저 공격하자' 또는 '그들이 먼저 공격을 하지 않는다면 적어도 적대적인 생각은 없을 것이니 의사소통을 해보자'로 나뉠 것입니다.

갑작스런 외계인 지구 방문 D-day

드디어 외계 함대가 지구 대기권을 뚫고 들어와 육지나 바다에 착륙했습니다. 다행히 인류에 적대적이지 않아 지구를 파괴하진 않았습니다.

자, 이렇게 외계인이 우리를 공격하러 온 것은 아니라는 사실을 알게 되었으니 이제 직접 만나 왜 지구로 왔는지 물어봐야 할 것 같습니다. 그런데 과학자들은 외계인이 어떻게 생겼을지 궁금해하면서도 걱정이 태산입니다. 외계인은 말 그대로 외계에서 온 생명체이기 때문에 그들이 어떤 바이러스를 가지고 있는지, 어떤 세균과 성분으로 이루어져 있는지 하나도 모르기 때문입니다. 만약에 외계인 본인에게는 단순한 감기에 해당하는 질병이 지구 생명체에겐 메르스나 에볼라 같은 치명적인 것이라면 대재앙이 시작되겠죠. 반대로 인간에겐 흔한 감기 바이러스가 그들에겐 치명적인 병을 불러일으킬 수 있습니다. 어찌어찌해서 우리가 외계인과 의사소통이 된다면 외계인들의 우주선 입구에 확실하게 밀폐된 공간을 만들고 만나야겠네요.

만약 외계인과 대면하게 되었다고 칩시다. 외계인은 어떻게 생겼을까요? 여러 우주생물학자들은 인간과 유사하게 생겼을 것이라고 이야기합니다. 왜냐하면 이미 지구라는 곳에 생명체가 존재하기 때문에 지구와 유사한 환경을 가진 행성이 있다면 생명체가 살고 있을 확률이 아주 높을 것이고, 또 그 행성의 환경은 지구와 비슷하기 때문에 생명체의 생김새도 비슷할 것이라는 의견입니다. 다시 말해 우리의 모습이 가장 최적화되었다는 뜻입니다.

이렇게 평화적으로 만나 서로의 기술과 문화를 공유하고 배우면서 발전해나가면 참 좋겠습니다. 물론 이 모든 것은 외계인이 적대적으로 나오지 않을 때 가능하겠죠. 외계에서 지구까지 올 수 있는 기술이라면 압도적인 군사력도 가지고 있을 테니까요.

마치며

괴짜 과학 유튜버가 말하는 한국 과학문화의 확산

"과학을 즐길 수 있게 만들어보자. 아니 게임이 되게 해보자."

지금으로부터 20년 전, 전 세계 과학자들은 아주 복잡한 구조를 가진 바이러스 하나를 두고 10년 동안 연구를 했습니다. 이 바이러스의 이름은 '레트로바이러스'! 레트로바이러스가 가진 프로테아제라는 효소는 무섭게도 에이즈 바이러스의 성숙 과정이나 암 발생 과정 등에 관여합니다. 과거부터 암을 억제하기 위해, 에이즈 바이러스를 죽이기 위해 수많은 연구를 해왔지만 이 레트로바이러스 효소의 구조를 밝히지 못해서 성과가 없었습니다.

그렇게 10년이 흐르고, 한 과학자가 아이디어를 냅니다. "아무리 시뮬레이션을 돌려봐도 답이 없는 것 같은데 그냥 사람의 직감에 맡겨

보면 어떨까?"

그리고는 이 아이디어를 실현하기 위해 단백질 구조를 가상으로 조립하는 퍼즐형 3D 게임을 만들었습니다. UW 생화학 센터와 워싱턴대학교 게임과학센터가 공동 연구 끝에 개발한 게임, 'Foldit'입니다. 여기저기 단백질 퍼즐을 가상공간에서 맞추다 보면 생각지 못했던 단백질 구조를 완성할 수도 있을 것이라 생각한 것입니다. 당시 과학자들 사이에서는 이런 게임을 누가 하겠냐는 의견이 지배적이었지만, 이 게임을 플레이하는 유저들은 쉬운 단백질 퍼즐부터 어려운 단

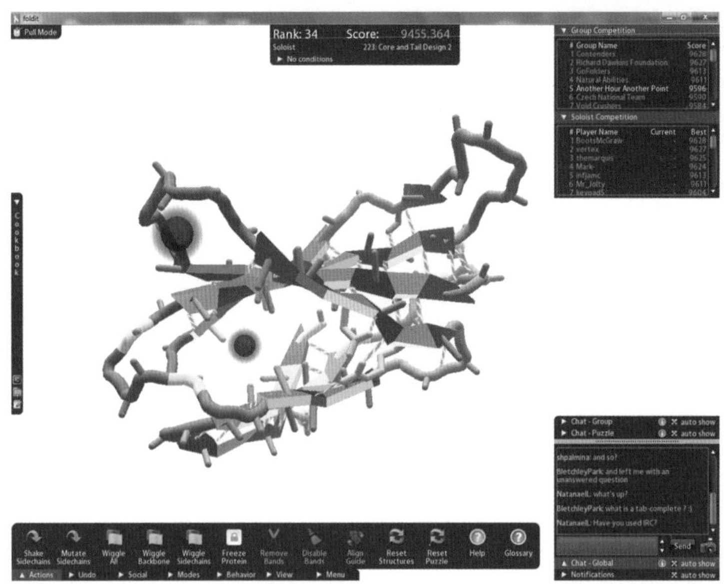

3D 단백질 퍼즐 게임, 'Foldit'.
과학자들과 게임 유저들이 이 게임으로 레트로바이러스 효소의 구조를 밝혀냈다.

Letter | Published: 05 August 2010

Predicting protein structures with a multiplayer online game

Seth Cooper, Firas Khatib, Adrien Treuille, Janos Barbero, Jeehyung Lee, Michael Beenen, Andrew Leaver-Fay, David Baker ✉, Zoran Popović ✉ & Foldit players

Nature **466**, 756–760 (05 August 2010) | Download Citation ⤓

해당 <네이처> 논문의 저자란에 'Foldit players'라고 게임 유저들이 표기되어 있다.

백질 퍼즐까지 완성해가면서 성취감을 느꼈고, 서로 다른 유저들과 점수 경쟁을 하면서 게임은 점점 입소문이 나기 시작했습니다. 그리고 결국 이 게임 유저들은 3주 만에 레트로바이러스 효소의 구조를 완성해버렸습니다. 학계에서 수많은 과학자들이 10년 이상 연구하던 것을 3주 만에 해결한 것이죠. 이로써 유명한 학회지 〈네이처〉에 관계된 연구자들과 함께 5만 7천여 명의 게임 유저들이 2011년 9월 공저자로 등재되었습니다.

이후 에이즈나 암 같은 난치병을 치료하는 연구에 속도가 붙었고, 현재는 에이즈 치료제가 임상실험 절차를 남겨두고 있습니다.

게임 업계에서는 '도대체 누가 과학을 주제로 한 게임을 플레이할까?'라는 불안감을 가질 수 있습니다. 그러나 앞선 사례처럼 아무리 어려운 과학이라도 즐길거리가 있다면, 성취감을 느낄 수 있다면 유저는 게임을 플레이합니다. 우리는 '과학' 하면 학문적인 과학을 떠올립니다. 아니면 시험 과목을 떠올리죠. 하지만 과학에도 즐길거리는 무궁무진합니다.

일상에서도 과학을 즐길 수 있지 않을까?

사람들의 라이프 스타일이 변하고 있습니다. 소소한 즐거움을 넘어 디테일에서 오는 즐거움입니다. 뜻밖의 반전에서 기쁨을 찾기도 하죠. 최근 이런 경향을 반영해 새로운 즐길거리를 제공하는 기업들이 많아졌습니다. 현대카드사가 디자인, 여행, 음악, 요리 공간을 제공하고 있으며 화장품 회사 아모레퍼시픽도 본사 1층을 미술관으로 만들어 일반 사람들에게 개방했습니다. 아무 생각 없이 왔다가 '이곳이 화장품 본사라고?', '디자인 전시를 보러 왔는데 카드사가 만든 문화 공간이라고?' 하며 놀라는 사람이 적지 않습니다.

이처럼 사람들의 다양한 관심사를 반영한 문화 공간이 날로 다양해지고, 그 수도 많아지고 있습니다. 개인적으로는 경험할 수 없었던 여러 활동을 직접 해보며 이색적인 즐거움을 얻을 수 있는 멋진 체험 공간! '과학'이라는 분야로도 가능하지 않을까요?

과학 '라이브러리'가 생긴다면

길 가다가 카페인 줄 알고, 디저트 가게인 줄 알고 들어갔는데 알고 보니 과학 도구가 즐비해 있는 카페, 과학 장비가 즐비해 있는 디저트

가게라면 어떨까요?

1층에서 바리스타가 커피를 추출하면서 그 과정을 과학적으로 쉽게 설명하고, 추출된 커피는 비커 디자인의 유리컵에 제공된다면 멋지지 않을까요? 고객들은 숍에 즐비해 있는 과학 도구들을 아무렇게나 만져볼 수 있고, 안내에 따라 화학반응도 직접 실험해볼 수 있다면 더욱 좋을 것 같습니다.

한 층 올라가 보면, 이번에는 좀 더 비싼 장비들이 눈에 들어오는 겁니다. 바로 현미경 같은 것들이죠. 일반인들이 언제든 와서 자신이 보고 싶은 것을 현미경으로 관찰할 수 있다면 근사하지 않을까요? 교과서나 대중 과학 교양서에는 볼 수 없는 것들(예컨대 귀지, 코딱지, 블랙헤드, 슬라임, 콘돔 등)을 마음껏 들여다보고 자유롭게 상상의 나래를 펼칠 수 있을 겁니다. (가끔 중고등학생들이 제게 직접 현미경을 사용할 수 있냐고 문의하는 일이 있습니다. 학교에는 배율이 상당히 낮은 현미경뿐이어서 과제를 하는데 문제가 많기 때문이라고 합니다.)

한 층 더 올라간 3층에서는 과학 커뮤니케이터가 학생과 성인을 대상으로 강연을 합니다. 또 영화 〈미술관이 살아있다〉를 응용해 예술가들이 과학자들의 초상화를 재치 있게 그리고, 그 공간에 과학자들이 발명하거나 알아낸 이론을 꾸며 놓는다면 멋진 과학 미술관이 되지 않을까요?

누구나 쉽고 즐겁게 과학을 만날 수 있는 공간, '과학 라이브러리'가 빠른 시일 내에 생기면 좋겠습니다. 그럼 과학이 '어려운 이론'이 아닌 '즐거운 놀이'로서, 더욱 많은 사람들에게 다가갈 수 있지 않을까요?

아직 오프라인상의 과학 라이브러리는 없지만, 가상의 공간에라도 만들어보자는 마음으로 과학 유튜브 채널 〈지식인 미나니〉를 시작했습니다. 그리고 이 콘텐츠를 정리해《알수록 쓸모 있는 요즘 과학 이야기》를 출간했습니다. 사소한 궁금증 속에 숨어 있는 놀라운 과학 이야기, 어떠셨나요? 엉뚱한 제 호기심이 독자 여러분께 작게나마 과학적 흥미를 불러일으킬 수 있었다면, 제 계획은 성공입니다.

참고 자료

시작하며

유발 하라리, 조현욱 옮김, 《사피엔스》, 김영사, 2015

PART 1
내 몸, 충분히 궁금할 수 있어
부끄러움은 그만! 몸에 던지는 발칙한 질문 WHY

01. 태어날 때 생겨났던 내 몸의 세포가 아직도 남아 있을까?

CARL ZIMMER, <How Many Cells Are In Your Body?>, National Geographic, 2013

백서윤, <죽어야 하는 세포의 운명>, Institute for Basic Science(Ibs), 2019

Moreno-Jiménez, Elena P. et al. <Adult hippocampal neurogenesis is abundant in neurologically healthy subjects and drops sharply in patients with Alzheimer's disease>, Nature Medicine 25, pp.554-560, 2019

Shawn Sorrells, Arturo Alvarez-Buylla, Mercedes Paredes, <Adult human brains don't grow new neurons in hippocampus, contrary to prevailing view>, The Conversation, 2018

Snyder JS, <Questioning human neurogenesis>, Nature, 2018

Sorrells SF, Paredes MF, Cebrian-Silla A, Sandoval K, Qi D, Kelley KW, James D, Mayer S, Chang J, Auguste KI, Chang EF, Gutierrez AJ, Kriegstein AR, Mathern GW, Oldham MC, Huang EJ, Garcia-Verdugo JM, Yang Z, Alvarez-Buylla A, <Human hippocampal neurogenesis drops sharply in children to undetectable levels in adults>, Nature. 2018

<생명연장의 과학, 텔로미어>, EBS 과학다큐 비욘드

Joeng KS, Song EJ, Lee KJ, Lee J, <Long lifespan in worms with long telomeric DNA>, Nat Genet, 2004

Seo B, Kim C, Hills M, Sung S, Kim H, Kim E, Lim DS, Oh HS, Choi RMJ, Chun J, Shim J, Lee J, <Telomere maintenance through recruitment of internal genomic regions>, Nat Commun, 2015

Schutte NS, Malouff JM, <A meta-analytic review of the effects of mindfulness meditation on telomerase activity>, Psychoneuroendocrinology, 2014

02. 아기 때 기억을 잊어버리는 이유는 뭘까?

Hamond, N.R. & Fivush, R, <Memories of Mickey Mouse: Young children recount their trip to Disneyworld>, Cognitive Development 6, pp.433-448, 1991

Van Abbema, D.L. & Bauer, P.J, <Autobiographical memory in middle childhood: recollections of the recent and distant past>, Memory 13, pp.829-845, 2005

Bauer, P.J, <The Life I Once Remembered: the waxing and waning of early memories>, zerotothree, 2009

Akers, K.G. et al, <Hippocampal neurogenesis regulates forgetting during adulthood and infancy>, Science 344, pp.598-602, 2014

03. 남자에게 굳이 젖꼭지가 있는 이유는 뭘까?

<"만지면 왠지 슬퍼져요"… 혹시 나도 '슬픈 젖꼭지 증후군'?>, SBS, 2017

이인식, 《이인식의 멋진과학 1》, 고즈윈, 2011

Nikhil Swaminathan, <Strange but true : males can lactate>, Scientific American, 2007

Nummenmaa L, Suvilehto JT, Glerean E, Santtila P, Hietanen JK, <Topography of Human Erogenous Zones>, Arch Sex Behav, 2016

04. 왜 인간은 유독 머리에 털이 많은 걸까?

요제프 H. 라이히홀프, 《자연은 왜 이런 선택을 했을까》, 이랑, 2012

<Do hairs know they've been cut?>, Naked Scientist, 2013

이성규, <'오래달리기'의 오래된 진실>, The Science Times, 2012

<털의 진화와 모발·수염, 어떤 관계 있을까?>, 중앙일보, 2011

윤신영, <음모의 디자인엔 어떤 음모가 있다>, 한겨레 미래&과학, 2013

05. 왜 학교나 회사에만 가면 잠이 쏟아질까?

학교보건법 시행규칙 [시행 2019. 10. 24.] [교육부령 제194호, 2019. 10. 24., 일부개정]

이필렬, <[녹색세상] 교실의 이산화탄소 농도>, 경향신문, 2015

임완철, <교실 내 공기 중 이산화탄소 농도가 학습에 미치는 효과에 대한 문헌 연구>, 환경교육, 28(2), pp.134-145, 2015

황선명, <이산화탄소는 있고 환기는 없었다>, 카이스트신문, 2009

Shendell DG, Prill R, Fisk WJ, Apte MG, Blake D, Faulkner D, <Associations between classroom CO2 concentrations and student attendance in Washington and Idaho>, Indoor Air. 2004

Bakó-Biró, Zs., Kochhar, N., Clements-Croome, D. J., Awbi, H. B., & Williams, M, <Ventilation rates in schools and learning performance>, Proceedings of Clima 2007 WellBeing Indoors, pp.1434-1440, 2007

Wargocki, P., & Wyon, D. P, <The effects of moderately raised classroom temperatures and classroom ventilation rate on the performance of schoolwork by children>, ASHRAE HVAC&R Res., 13(2), pp.193-220, 2007

Twardella, D., Matzen, W., Lahrz, T., Burghardt, R., Spegel, H., Hendrowarsito, L., Frenzel, A. C., & Fromme, H, <Effect of classroom air quality on students' concentration: Results of a cluster-randomized cross-over experimental study>, Indoor Air, 2012

Coley, D. A., Greeves, R., & Saxby, B. K, <The effect of low ventilation rates on the cognitive function of a primary school class>, Int J Ventilation, 6(2), pp.107-112, 2007

Lee KH, Jeong JW, Park OK, Lee MY, Kim MS, Park BR, <Role of Vestibulosympathetic Reflex on Orthostatic Hypotension in Rats>, Korean Circulation Journal, V.28(6):998-1006, 1998

Kim DU, <Orthostatic Dizziness>, Research in Vestibular Science, Vol.10, Suppl. 2, 2011

Chung JW, Sunwoo JS, Kwon HM, <Isolated Orthostatic Hypotension Secondary to Pontine Hemorrhage>, Korean Neurol Assoc 28(4):342-343, 2010

06. 왜 나도 모르게 자꾸만 다리를 떨까?

<무의식중에 다리를 떠는 이유는?>, 한겨레 미래&과학, 2007

Morishima, Takuma & M. Restaino, Robert & K Walsh, Lauren & A. Kanaley, Jill & Fadel, Paul & Padilla, Jaume, <Prolonged sitting-induced leg endothelial dysfunction is

prevented by fidgeting>, American Journal of Physiology - Heart and Circulatory Physiology, 2016.

07. 우리는 왜 칠판 긁는 소리를 싫어할까?

Sukhbinder K., et al, <Features versus Feelings Dissociable Representations of the Acoustic -Features and Valence of Aversive Sounds>, The Journal of Neuroscience, 2012

Halpern D.L., Blake R., Hillenbrand J., <Psychoacoustics of a chilling sound>, Perception & Psychophysics, 1986

Michael Oehler, <Psychoacoustics of chalkboard squeaking>, The Journal of the Acoustical Society of America 130, 2011

Bryan Gick, Donald Derrick, <Aero-tactile integration in speech perception>, Nature, 2009

Charlotte M. Reed , Hong Z. Tan, Zach D. Perez, et al, <A Phonemic-Based Tactile Display for Speech Communication>, IEEE, 2018

임기훈, <극한의 고통 넘어서면 달리는 쾌감 '러너스 하이'>, 한국경제, 2008

<손톱으로 칠판 긁는 소리가 싫은 이유>, the Science Life, 2017

08. 정말 ASMR로 오르가슴을 느낀다고?

Emma L. Barratt, Nick J. Davis, <Autonomous Sensory Meridian Response (ASMR): a flow-like mental state>, Department of Psychology, Swansea University, Swansea, United Kingdom, 2015

장세연, 박진서, 류철균, <ASMR 방송의 실존적 공간 연구>, 글로벌문화콘텐츠, 2016

https://asmruniversity.com/tag/jennifer-allen/

노윤정, <[ASMR 열풍] ③전문가들이 진단한 효과 보니 "뇌파 변화로 긴장 이완">, 뷰어스, 2018

배명진 숭실대 소리공학연구소 소장, <ASMR? 백색 소음? 좋은 소음이 있다!>, KISTI의 과학향기, 제3117호

D. Smith, Stephen & Fredborg, Beverley & Kornelsen, Jennifer. (2016). An Examination of the Default Mode Network in Individuals with Autonomous Sensory Meridian Response (ASMR). Social Neuroscience. 12. 10.1080/17470919.2016.1188851.

최강, <쉬고 있지만 쉬지 않는 뇌>, 한겨레 사이언스온, 최강의 뇌영상과 정신의학, 2014

Raichle, M.E., et al., <A default mode of brain function>, Proc Natl Acad Sci USA, 98(2):p.676-682, 2001

09. 정말 '좀비'가 된 사람이 있을까?

Wade Davis, <The Serpent and the rainbow>, 하버드 매거진 'ZOMBIE', 1986

Conplan8888 (https://en.wikipedia.org/wiki/CONOP_8888)

Arshan Nasir, Gustavo Caetano-Anollés, <A phylogenomic data-driven exploration of viral origins and evolution>, Science Advances Vol. 1, no. 8, e1500527, 2015

<"딴짓 했구나!" 몸을 피곤하게 만들지만 때론 유용한 젖산>, 동아일보, 양종구 기자의 100세 시대 건강법, 2018

두산백과 'TCA회로'

<Why does lactic acid build up in muscles? And why does it cause soreness?>, Scientific American, 2006

Lubert Stryer, John L. Tymoczko, Jeremy M.Berg, 《Stryer 핵심 생화학》, 범문에듀케이션, 2014

Nielsen OB, de Paoli F, Overgaard K, <Protective effects of lactic acid on force production in rat skeletal muscle>, J Physiol, 536(Pt 1):161-6, 2001

<Muscles are smarter than you think: Acidity helps prevent muscle fatigue>, ScienceDaily, 2004

Pedersen, Thomas & B Nielsen, Ole & D Lamb, Graham & Stephenson, D George, <Intracellular Acidosis Enhances the Excitability of working muscle>, Science 305(5687):1144-7, 2004

일상을 바꿀
엉뚱한 질문 IF

#01 만약 인간에게 아가미가 생겨서 물속에서 살 수 있다면?

기상청 날씨누리 (http://www.weather.go.kr/)

Gallagher Flinn, <What if humans could breathe underwater?>, HowStuffWorks

<How long can a person survive in cold water?>, Minnesota sea grant, hypothermia

#02 만약 한 달 동안 씻지 않는다면?

Hilary Brueck, <How often you actually need to shower, according to science>, business insider, 2018

Evlin Symon, <Science Suggests You Should Not Shower Every Day Anymore>, Life Hack, 2016

Macrina Cooper-White and Eva Hill, <Here's What Would Really Happen If You Stopped Bathing>, HUFFPOST, 2015

Valencia Higuera, <How Often Should You Shower?>, Medically reviewed by Carissa Stephens, RN, CCRN, CPN, 2019

#03 만약 땀 냄새로 나에게 맞는 이성을 찾을 수 있다면?

Wedekind C, Seebeck T, Bettens F, Paepke AJ, <MHC-Dependent Mate Preferences in Humans>, Proc Biol Sci, 1995

장동선, 줄리아 크리스텐슨, 《뇌는 춤추고 싶다》, arte(아르테), 2018

#04 만약 자위 후 현자 타임을 겪지 않으려면?

Van Cappellen, P; Way, BM; Isgett, SF; Fredrickson, BL, <effects of oxytocin administration on spirituality and emotional responses to meditation>, Soc Cogn Affect Neurosci, 2016

Hongwen Song, Zhiling Zou, Juan Kou, Yang Liu, Lizhuang Yang, Anna Zilverstand, Federico d'Oleire Uquillas3 and Xiaochu Zhang, <Love-related changes in the brain: a resting-state functional magnetic resonance imaging study>, Front. Hum. Neurosci, 2015

PART 2
매일, 내 주변에는 궁금한 게 널려 있어 일상에 던지는 뜬금없지만 똑똑한 질문 WHY

01. 내일 태양이 꺼지면 어떻게 될까?

브라이언 콕스 박사의 선샤인 인터뷰 - http://sunshine.gamm.kr/science

함예솔, <버닝썬(Burning) 아니라 퓨전썬(fusion)이 맞다>, 이웃집과학자, 2019

<핵융합이란>, 국가핵융합연구소 NFRI

이종필, 《사이언스 브런치》, 글항아리, 2017

D.G. KorycanskyGregory LaughlinFred C. Adams, <Astronomical Engineering: A Strategy For Modifying Planetary Orbits>, Astrophysics and Space Science, Volume 275, Issue 4, pp.349-366, 2001

D. G. Korycansky, <ASTROENGINEERING, OR HOW TO SAVE THE EARTH IN ONLY ONE BILLION YEARS>, RevMexAA (Serie de Conferencias), 22, pp.117-120, 2004

McInnes, C.R, <Astronautical engineering revisited: planetary orbit modification using solar radiation pressure>, Astrophysics and Space Science, 282(4). pp.765-772. ISSN 0004-640X, 2002

Martin Beech, 《Terraforming: The Creating of Habitable Worlds》, Springer, 2009

02. 공기저항이 없어지면 어떻게 될까?

<공기가 없다면 빗방울의 속도는?>, The Science Times, 2010

<공기저항>, 사이언스올, 과학백과사전, 2010

<개미는 절대 추락사 하지 않는다?>, YTN 사이언스, 2018

<공기저항>, LG 사이언스랜드 호기심해결사

<나사, 소음없는 초음속기 '엑스플레인' 만든다>, 매일경제, 2018

03. 비행기 날개는 사실 늘어났다 줄었다 한다고?

<Flaps and Slats - NASA>, Glenn research center

<여객기 탈 때 무심코 지나쳤던 플랩과 스포일러의 비밀>, 매일경제, 2017

'[물리학] 베르누이의 원리', 사이언스올, 2009

'[과학백과사전] 뉴턴의 운동 법칙', 사이언스올

정갑수, 《세상을 움직이는 물리》, 다른, 2012

김종화, <[과학을 읽다] 항공기마다 순항고도가 다른 이유>, 아시아경제, 2018

<네 개의 단어로 설명하는 항공기 제트엔진의 원리>, GE리포트 코리아, 2018

04. 갑자기 떨어지는 우박은 기상이변 때문일까?

이춘식, 박근영, 신유미, <우리나라 우박 특성 분석>, 한국기상학회 학술대회 논문집, pp.342-343, 2005

고혜영, 정성화, 김경익, <우박의 시·공간 특성 분석(2000년~2006년)>, 한국기상학회 학술대회 논문집, pp.152-153, 2007

기상청 예보기술팀, <예보관 핸드북 시리즈 4, 고층 관측자료 기반의 우박판단 가이던스>, 2012

https://www.nasa.gov/audience/forstudents/k-4/stories/nasa-knows/what-are-hurricanes-k4.html

https://if-blog.tistory.com/5106

David Gilbert, <So, Here's Why You Probably Don't Want to Nuke a Hurricane>, VICE news, 2019

유상연, <허리케인과 싸우는 과학자들>, KISTI의 과학향기, 제202호

성동일, <Relations between Variation of Sea Surface Temperatures in the South Sea of Korea and Intensity of Typhoons>,Journal of Korean Navigation and Port Reserch, 2008

05. 영하에서도 얼지 않는 콜라가 존재한다?

장하석, 《온도계의 철학》, 동아시아, 2013

'[과학백과사전] 과열', 사이언스올, 사이언스 피디아

강석기, <영하 40도에서도 물이 얼지 않는다>, LG 사이언스랜드, 해설이 있는 과학, 2013

Moore, E. B., & Molinero, V., <Structural transformation in supercooled water controls

the crystallization rate of ice>, Nature, 479(7374), pp.506-508, 2011

임동욱, <물 어는 온도는 0도 아닌 -48도>, The Science Times, 2011

N.K. Gilra, <Homogeneous nucleation temperature of supercooled water>, Physics Letters A Volume 28, Issue 1, pp.51-52, 1968

McDonald, James .E., <HOMOGENEOUS NUCLEATION OF SUPERCOOLED WATER DROPS>, Jounal of Meteorology, V.10, pp.416-433, 1953

C. A. Jeffery P. H. Austin, <Homogeneous nucleation of supercooled water: Results from a new equation of state>, Papers on Atmospheric Chemistry, Volume102, IssueD21, pp.25269-25279, 1997

06. 자동차는 어떻게 스스로 운전을 할까?

목정민, <자율주행자동차 기술의 현주소는?>, 《메이커스 Vol. 05: AI자율주행자동차》, 동아시아, 2019

<인공지능과 머신러닝, 딥 러닝의 차이점을 알아보자>, NVIDIA, 2016

<인공지능은 어떻게 발달해왔는가, 인공지능의 역사>, NVIDIA, 2016

김진중, 《골빈해커의 3분 딥러닝》, 한빛미디어, 2017

Society of Automotive Engineers 'SAE International Releases Updated Visual Chart for Its "Levels of Driving Automation" Standard for Self-Driving Vehicles' 2018

이성수, <자율주행자동차의 도로 주행에 대한 법적 근거 및 개선 방안>, 전기전자학회논문지, 23.1, pp.342-345, 2019

최영민, <자율주행에 얼마나 많은 기술들이 요구되는가?>, 오토저널, 41.3, pp.39-40, 2019

이재관, <자율주행 자동차 개발현황 및 시사점>, 전자공학회지, 41.1, pp.22-29, 2014

장승주, <자율 주행 자동차 관련 SW기술 동향>, 한국통신학회지(정보와 통신), 33.4, pp.27-33, 2016

김택수, 최준호, <자율주행 운전 방식의 인지된 개인화가 신뢰도와 이용의도에 미치는 영향>, 한국디지털콘텐츠학회 논문지, 20.3, pp.587-596, 2019

07. 어벤져스 앤트맨은 현실 가능할까?

윤석만, <인류가 '앤트맨' 된다면… 빙하기 닥쳐와도 생존?>, 중앙일보, 2018.

고광본, <원자 사이 텅빈 공간 압축하거나 늘리면 개미만큼 작아지고 거인도 될 수 있을까?>, 서울경제, 2018

제프리웨스트, 《스케일》, 김영사, 2018

궤도, 《궤도의 과학 허세》, 동아시아, 2018

세상을 바꿀 엉뚱한 질문 IF

#01 만약 사막을 테라포밍해 녹지로 만들면?

최원석, 《과학교사 최원석의 과학은 놀이다》, 궁리, 2014

윤경철, 《대단한 지구여행》, 푸른길, 2011

<Forest A Desert, Cool The World>, Science, AAAS(American Association for the Advancement of Science), 2009

<China's Greening of the Vast Kubuqi Desert is a Model for Land Restoration Projects Everywhere>, Time, 2019

#02 만약 지구 대기의 산소 농도가 2배 높아진다면?

천종식, <30억년 전 시아노의 광합성 혁신, 지구 생태계 뒤바꾸다>, 한겨레 미래&과학, 2019

Jon F. Harrison , Alexander Kaiser and John M. VandenBrooks, <Atmospheric oxygen level and the evolution of insect body size>, The Royal Society, 2010

Judson OP, <The energy expansions of evolution>, Nature, ecology&evolution, 1(6):138, 2017

<If Earth's oxygen doubled, living creatures would be gigantic>, Sanvada health & fitness, 2017

Sarah Zielinski, <Earth's Oxygen Levels Can Affect Its Climate>, Smith Sonian Mag, 2015

Charles Q. Choi, <More Oxygen Could Make Giant Bugs>, LIVESCIENCE, 2006

Jessie Szalay, <What Are Free Radicals?>, LIVESCIENCE, 2016

이재현, <자유 라디칼과 노화(Free radicals and aging)>, NDSL 한국과학기술정보연구원,

2004

임웅재, 특허 '고농도의 산소에 의한 내연기관의 출력증강 장치', 'KR100843447B1 South Korea'

#03 만약 나무 1조 그루를 심으면 지구온난화를 멈출 수 있을까?

<Global Warming of 1.5 ºC> (https://www.ipcc.ch/sr15/)

조천호 <전 지구 기온 상승 1.5도는 무엇을 의미하는가?>, 한겨레, 2018

Fischer, Erich & Knutti, Reto, <Anthropogenic contribution to global occurrence of heavy-precipitation and high-temperature extremes>, Nature Climate Change. 5. 10.1038/NCLIMATE2617, 2015

<Our planet is warming. Here's what's at stake if we don't act now>, WWF(World Wildlife),

https://www.worldwildlife.org/stories/our-planet-is-warming-here-s-what-s-at-stake-if-we-don-t-act-now

윤태중, 조기종, 이미경, 정명섭, 배연재, <기후변화와 식품해충>, ENTOMOLOGICAL RESEARCH BULLETIN, 26(0), pp.27-30, 2010

Josh Gabbatiss, <Massive restoration of world's forests would cancel out a decade of CO2 emissions, analysis suggests>, INDEPENDENT, 2019

https://www.indiegogo.com/projects/treerover-a-tree-planting-robot#/

Adele Peters, <These Tree-Planting Drones Are About To Start An Entire Forest From The Sky>, Fastcompany, 2017

<자연을 원래 모습으로 복원하면 기후변화를 막을 수 있을까?>, BBC SCIENCE KOREA, 2019

#04 만약 쓰레기를 화산 용암에 버리면?

기상청 날씨누리, 지진 화산 현황

Mary Beth Griggs, <Why don't we just throw all our garbage into volcanoes?>, "Consent Form | Popular Science", 2019. popsci.com. Accessed April 16 2019.

Robin Andrews, <This Is Why We Can't Throw All Our Trash Into Volcanoes>, Forbes, 2017

<Why Don't We Throw Rubbish Into Volcanoes?>, ABC Science, Ask An Expert, 2008

Alessandra Potenza, <Falling Into Lava Would Be A Pretty Hot Mess메릴랜드 대학 Dieter R. Brill>, The Verge, 2018

PART 3
지구 너머 더 큰 세계가 궁금해
우주에 쏘아 올린 유쾌한 질문 WHY

01. 우주인이 우주에서 사망하면 어떻게 처리할까?

<맨몸으로 우주에서 몇 초나 버틸 수 있나?>, KISTI의 과학향기 제589호

이성규, <챌린저호는 왜 73초 만에 폭발했을까?>, The Science times, 2010

오세백, <챌린저호 폭발사고 전날, 번복된 '발사반대' 의견>, 한겨레 사이언스온, 2013

Kelly Dickerson, <Here's what NASA plans to do if an astronaut dies in space>, Business Insider, 2015

02. 14년이나 화성에 산 로봇이 있다?

https://mars.nasa.gov/resources/22201/sounds-of-mars-nasas-insight-senses-martian-wind/?site=insight (Sounds of Mars: NASA's InSight Senses Martian Wind)

김중복, 김은택, 남기현, 권순신, <밀한 매질일수록 소리의 속도는 빨라지는가?>, 현장과학교육, 1(2), pp.51-57, 2007

https://mars.nasa.gov/insight/

NASA GOV spirit and opportunity, <NASA's Record-Setting Opportunity Rover Mission on Mars Comes to End>, 2019

https://mars.nasa.gov/mer/

Richard E. Berg, Dieter R. Brill, <Speed of Sound Using Lissajous Figures>, The Physics Teacher, 43(1), pp.36-39, 2005

03. 지구로 날아오는 소행성, 인류의 힘으로 막을 수 있을까?

이태형, <빛의 속도로 날아가는 우주선 만들 수 있을까?>, 중앙일보, 2014

박홍균, 《세상에서 가장 쉬운 상대성이론》, 이비락, 2017

유지영, <특수상대성이론을 못 느낀다고?>, 주간동아, 2005

한국항공우주연구원 '이온엔진'

(https://www.kari.re.kr/prog/stmaplace/list.do?stmaplace_no=24& mno=sub07_02_02)

윤복원, <빛 속도 99.999999% 우주비행, 에너지는 얼마나 필요할까?>, 한겨레 사이언스온, 2017

박상준, <영화 속 장거리 우주 여행의 비밀>, KISTI 과학향기 제92호

이온엔진:https://www.nasa.gov/home/hqnews/2013/jun/HQ_13-193_Ion_Thruster_Record.html#.XIySNRMzZ24

NASA Jet Propulsion Laboratory 'Asteroid 2005 MN4(아포피스):

https://cneos.jpl.nasa.gov/news/news149.html

Charles El Mir, KT Ramesh, Derek C. Richardson, <A new hybrid framework for simulating hypervelocity asteroid impacts and gravitational reaccumulation>, Icarus, 2019

잭 와이너스미스, 켈리 와이너스미스, 《이상한 미래 연구소》, 시공사, 2018

한국천문연구원의 우주환경감시기관(NSSAO)

<지구 궤도를 돌고 있는 인공 위성 통계>, Voice of America Korea, 2010

04. 인류는 왜 더 이상 달에 가지 않을까?

강진원, <달착륙 음모설, 그리고 달을 향한 또다른 도전>, KISTI의 과학향기 제969호

변태섭, <인류는 정말 달에 간 적이 없는 걸까?>, 한국일보, 2018

옥철, <NASA 창설 60주년 메시지…"다시 달로 간다, 그리고 화성으로">, 연합뉴스, 2018

제프리 클루거, 《인류의 가장 위대한 모험 아폴로 8》, 알에이치코리아(RHK), 2018

05. 태양 탐사선은 왜 녹지 않을까?

김민재, <뜨거운, 너무나 뜨거운 태양!>, 이웃집과학자, 2017

박미용, <5천℃ 태양 바깥이 2백만℃인 이유>, The Science Times, 2008

https://svs.gsfc.nasa.gov/12867

NASA Goddard, <Traveling to the Sun: Why Won't Parker Solar Probe Melt?>, Susannah Darling NASA Headquarters, Washington, 2018

이성규, <태양 탐사선이 녹지 않는 비결은?>, The Science Times, 2018

Karen Northon, <NASA's Record-Setting Opportunity Rover Mission on Mars Comes

to End>, NASA, 2019 (https://www.nasa.gov/press-release/nasas-record-setting-opportunity-rover-mission-on-mars-comes-to-end)

https://www.nasa.gov/mission_pages/mer/index.html

Nelson, Jon, <Mars Exploration Rover - Spirit>, NASA. Retrieved February 2, 2014. (https://www.jpl.nasa.gov/missions/)

Nelson, Jon, <Mars Exploration Rover -Opportunity>, NASA. Retrieved February 2, 2014 (https://www.jpl.nasa.gov/missions/mars-exploration-rover-opportunity-mer/)

<Near Miss: The Solar Superstorm of July 2012>, NASA SCIENCE, 2014. (https://science.nasa.gov/science-news/science-at-nasa/2014/23jul_superstorm/)

ko.wikipedia.org/wiki/태양풍

최성우, <지구의 강력 방어막 '지구자기장'>, The Science Times, 2019

Joseph Stromberg, <What Damage Could Be Caused by a Massive Solar Storm?>, Smithsonian, 2013

06. 도대체 외계인은 어디에 있을까?

이승아, <우리가 아직 외계인을 발견하지 못한 이유>, 이웃집과학자, 2017

<Most Earth-Like Worlds Have Yet to Be Born, According to Theoretical Study>, nasa.gov, 2015

위키백과 '페르미 역설'

김은영, <외계인? 99.9% 있지만 못 만나: [인터뷰] 전파천문학자 이명현 박사>, The Science Times, 2017

James R. Clark and Kerri Cahoy, <Optical Detection of Lasers with Near-term Technology at Interstellar Distances>, The American Astronomical Society, The Astrophysical Journal, Volume 867, Number 2, 2018

인류를 구원할
엉뚱한 질문 IF

#01 만약 쓰레기들을 우주로 보내면?

https://m.sedaily.com/NewsVIew/1S4Q2P4VU2

http://www.hani.co.kr/arti/science/technology/889774.html

John Wenz, <Why We Can't Just Throw Our Garbage Into The Sun>, Popular Mechanics, 2016

Fraser Cain, <Why Can't We Launch Garbage Into Space?>, Universe Today, 2009

<"Hey Bill Nye, Should We Throw Our Trash Into Space?">, Youtube, Big Think, 2015

Ethan Siegel, <Ask Ethan: Why Don'T We Shoot Earth'S Garbage Into The Sun?>, Forbes, 2016

<Why Don't We Shoot Garbage Into The Sun?>, bbc, 2016

Alana Semuels, <How To Stop Humans From Filling The World With Trash>, The Atlantic, 2015

India Ashok, <Nasa Parker Solar Probe: Just How Close Can We Get To The Sun?>, International Business Times UK, 2017

#02 만약 지구의 자전 속도가 2배 빨라지면 어떻게 될까?

Sabrina Stierwalt, <What if the Earth rotated twice as fast?>, Ask an astronomer, 2015

Sarah Fecht, <What would happen if Earth started to spin faster?>, Popular Science, 2017

이강봉, <자전 속도 느려지면 지진 급증한다>, The Science Times, 2017

Sid Perkins, <Ancient eclipses show Earth's rotation is slowing>, Science, AAAS, 2016

F. R. Stephenson , L. V. Morrison, and C. Y. Hohenkerk, <Measurement of the Earth's rotation: 720 BC to AD 2015>, The Royal Society, 2016

#03 만약 지구가 반대 방향으로 자전한다면?

Uwe Mikolajewicz, Florian Ziemen, Guido Cioni, Martin Claussen, Klaus Fraedrich, Marvin Heidkamp, Cathy Hohenegger, Diego Jimenez de la Cuesta, Marie-Luise Kapsch,

Alexander Lemburg, Thorsten Mauritsen, Katharina Meraner, Niklas Röber, Hauke Schmidt, Katharina D. Six, Irene Stemmler, Talia Tamarin-Brodsky, Alexander Winkler, Xiuhua Zhu, and Bjorn Stevens, <The climate of a retrograde rotating Earth>, Earth System Dynamics, Volume 9, Issue 4, pp.1191-1215, 2018

Rebecca J. Rosen, <What Would Happen If the Earth Spun Backward?>, The Atlantic, 2013

Florian Ziemen, Uwe Mikolajewicz, Marie-Luise Kapsch, <Project Retrograde — imagine Earth rotated in the opposite direction>, Max-Plank-Institute, 2018

#04 만약 내일 외계인이 지구에 나타난다면?

<Most Earth-Like Worlds Have Yet to Be Born, According to Theoretical Study>, NASA, hubblesite, 2015 (http://hubblesite.org/news_release/news/2015-35)

Peter Behroozi and Molly Peeples, <On The History and Future of Cosmic Planet Formation>, Monthly Notices of the Royal Astronomical Society, Volume 454, Issue 2, pp.1811-1817, 2015

마치며

Cooper S, Khatib F, Treuille A, Barbero J, Lee J, Beenen M, Leaver-Fay A, Baker D, Popović Z, Players F, <Predicting protein structures with a multiplayer online game>, Nature, 2010 Aug 5;466(7307):756-60

• 퍼블릭 도메인은 따로 저작권 표기를 하지 않았습니다. (위키미디어, 플리커 참고)
• 본문 펜 일러스트 © coldflowers (크몽)
• 저작권 관계가 불분명한 이미지 등에 대해서는 추후 저작권이 확인되는 대로 절차에 따라 이용 허락을 구하겠습니다.

알수록 쓸모 있는 요즘 과학 이야기

2019년 12월 11일 초판 01쇄 발행
2022년 10월 25일 초판 04쇄 발행

지은이 이민환

발행인 이규상 편집인 임현숙
편집팀장 김은영
책임편집 강정민
디자인팀 최희민 권지혜 두형주 마케팅팀 이성수 김별 강소희 이채영 김희진
경영관리팀 강현덕 김하나 이순복

펴낸곳 (주)백도씨
출판등록 제2012-000170호(2007년 6월 22일)
주소 03044 서울시 종로구 효자로7길 23, 3층(통의동 7-33)
전화 02 3443 0311(편집) 02 3012 0117(마케팅) 팩스 02 3012 3010
이메일 book@100doci.com(편집·원고 투고) valva@100doci.com(유통·사업 제휴)
포스트 post.naver.com/black-fish 블로그 blog.naver.com/black-fish
인스타그램 @blackfish_book

ISBN 978-89-6833-239-5 03400

이 도서의 국립중앙도서관 출판예정도서목록(CIP)은 서지정보유통지원시스템 홈페이지(http://seoji.nl.go.kr)와
국가자료공동목록시스템(http://www.nl.go.kr/kolisnet)에서 이용하실 수 있습니다.
(CIP제어번호: CIP2019048131)